全国水利行业精品规划教材　高职高专水利水电类
中国水利教育协会策划组织

建筑材料实训指导

（第3版·修订本）

主　编　孟祥礼　武桂芝　朱英明
副主编　石玉东　胡朝仲　仇　军
　　　　张　波　芈书贞　刘　萍
主　审　刘道南

黄河水利出版社
·郑州·

内容提要

本书是全国水利行业精品规划教材,是根据中国水利教育协会职业技术教育分会高等职业教育教学研究会组织制定的建筑材料课程教学标准编写的,是《建筑材料(第3版)》(武桂芝等主编,黄河水利出版社出版)的配套教材。全书包括材料检测和习题两篇,第一篇是材料检测部分,介绍了水泥、细骨料、粗骨料、普通混凝土、砂浆、砌墙砖、石油沥青、钢筋、石料、土工合成材料等试验的一般规定、试验目的、试验方法,并附有试验报告;第二篇是习题部分,是针对教材的十个学习项目给出的复习题,习题类型包括名词解释、填空题、判断题、选择题、简答题、计算题、工程案例分析等。

本书可作为高职高专院校水利水电建筑工程、水利水电工程技术、建筑工程技术、给排水工程、水利工程等专业建筑材料实训课程的教材,也可供土木建筑类其他专业、中等职业学校相应专业的师生及相关工程技术人员学习参考。

图书在版编目(CIP)数据

建筑材料实训指导/孟祥礼,武桂芝,朱英明主编.—3版.—郑州:黄河水利出版社,2021.5 (2025.1 修订本重印)

全国水利行业精品规划教材
ISBN 978-7-5509-2902-9

Ⅰ.①建… Ⅱ.①孟… ②武… ③朱 … Ⅲ.①建筑材料-高等职业教育-教材 Ⅳ.①TU5

中国版本图书馆 CIP 数据核字(2021)第 018088 号

组稿编辑:王路平 电话:0371-66022212 E-mail:hhslwlp@ 163. com
陈俊克 66026749 hhslcjk@ 126. com

出 版 社:黄河水利出版社 网址:www. yrcp. com
地址:河南省郑州市顺河路黄委会综合楼 14 层 邮政编码:450003
发行单位:黄河水利出版社
发行部电话:0371-66026940、66020550、66028024、66022620(传真)
E-mail:hhslcbs@ 126. com
承印单位:河南承创印务有限公司
开本:787 mm×1 092 mm 1/16
印张:9.75
字数:230 千字 印数:16 001—19 000
版次:2009 年 8 月第 1 版 2021 年 5 月第 3 版 印次:2025 年 1 月第 5 次印刷
2016 年 6 月第 2 版 2025 年 1 月修订本

定价:30.00 元

第 3 版前言

本书是贯彻落实《国家职业教育改革实施方案》(国发〔2019〕4 号)、《国务院关于加快发展现代职业教育的决定》(国发〔2014〕19 号)和《水利部 教育部关于进一步推进水利职业教育改革发展的意见》(水人事〔2013〕121 号)等文件精神,依据教育部印发的《高等职业学校专业教学标准(试行)》中关于课程的教学要求,在中国水利教育协会指导下,由中国水利教育协会职业技术教育分会高等职业教育教学研究会组织编写的第四轮水利水电类专业规划教材。第四轮教材以学生能力培养为主线,体现出实用性、实践性、创新性的教材特色,是一套理论联系实际、教学面向生产的高职教育精品规划教材。

为了不断提高教材质量,编者于 2025 年 1 月,根据近年来国家及行业最新颁布的规范、标准、规定等,以及在教学实践中发现的问题和错误,对全书进行了修订完善。本次修订以习近平新时代中国特色社会主义思想为指引,贯彻落实党的二十大精神,全面落实立德树人根本任务。

本书自第 1 版、第 2 版分别于 2009 年、2016 年出版以来,因其通俗易懂,全面系统,应用性知识突出,实用性强等特点,受到全国高职高专院校水利类专业师生及广大水利从业人员的喜爱。应广大读者的要求,编者在第 2 版的基础上对原教材内容进行了全面修订、补充和完善。

本书为《建筑材料(第 3 版)》(武桂芝等主编,黄河水利出版社出版)的配套教材,书中的名词、术语、符号均按水利水电、土建等相关领域最新规范、标准编写。本书第一篇是材料检测部分,介绍了水泥、细骨料、粗骨料、普通混凝土、砂浆、砌墙砖、石油沥青、钢筋、石料、土工合成材料等试验的一般规定、试验目的、试验方法,并附有试验报告,是学生上建筑材料试验课的得力助手;第二篇是习题部分,是针对教材的十个学习项目给出的复习题,习题类型包括名词解释、填空题、判断题、选择题、简答题、计算题、工程案例分析等,可以帮助学生对课本知识进行系统的复习、理解和掌握。

本书编写人员及编写分工如下:辽宁生态工程职业学院孟祥礼编写概述,第一篇项目一至项目三;安徽水利水电职业技术学院朱英明编写第一篇项目四、项目五;河南水利与环境职业学院武桂芝编写第一篇项目六;辽宁生态工程职业学院石玉东编写第一篇项目七和第二篇项目四、项目五;河南水利与环境职业学院刘萍编写第一篇项目八;宁夏葡萄酒与防沙治沙职业技术学院张波编写第一篇项目九;福建水利电力职业技术学院仇军编写第一篇项目十;河南水利与环境职业学院芈书贞编写第二篇项目一至项目三;云南水利水电职业学院胡朝仲编写第二篇项目六至项目十。本书由孟祥礼、武桂芝、朱英明担任主编,并由孟祥礼负责全书统稿;由石玉东、胡朝仲、仇军、张波、芈书贞、刘萍担任副主编;由江西水利职业学院刘道南担任主审。

本书在编写过程中得到黄河水利出版社、河南水利与环境职业学院等单位的大力支持,在此一并表示感谢!

由于建筑工程材料品种繁多,新材料发展快,且各行业技术标准不完全一致,又限于编者水平,因此书中难免存在不妥之处,望广大师生、读者提出宝贵意见。

编　者

2025 年 1 月

目 录

第 3 版前言

第一篇 材料检测

概 述 …… (1)
项目一 水泥试验 …… (4)
任务一 水泥试验的一般规定 …… (4)
任务二 水泥细度试验 …… (5)
试验一 水泥细度检验(负压筛法) …… (7)
任务三 水泥标准稠度用水量试验 …… (8)
试验二 水泥标准稠度用水量试验 …… (11)
任务四 水泥凝结时间测定 …… (12)
试验三 水泥凝结时间试验 …… (13)
任务五 水泥安定性试验 …… (15)
试验四 水泥体积安定性试验(雷氏夹法) …… (17)
任务六 水泥胶砂强度试验 …… (18)
试验五 水泥胶砂强度试验 …… (22)
项目二 细骨料试验 …… (24)
任务一 细骨料试验的一般规定 …… (24)
任务二 细骨料颗粒级配试验 …… (25)
试验一 细骨料颗粒级配试验 …… (27)
任务三 细骨料表观密度试验 …… (28)
试验二 细骨料表观密度试验 …… (30)
任务四 细骨料吸水率试验 …… (31)
试验三 细骨料吸水率试验 …… (32)
任务五 细骨料含水率及表面含水率试验 …… (33)
试验四 细骨料的表面含水率试验 …… (35)
任务六 细骨料堆积密度和空隙率试验 …… (36)
试验五 细骨料堆积密度试验 …… (37)
任务七 细骨料含泥量试验 …… (38)
试验六 细骨料含泥量试验 …… (39)
项目三 粗骨料试验 …… (41)
任务一 粗骨料试验的一般规定 …… (41)
任务二 粗骨料表观密度试验 …… (41)

试验一　粗骨料表观密度测定 …………………………………………………… (43)
任务三　粗骨料吸水率试验 ……………………………………………………… (44)
试验二　粗骨料吸水率测定 ……………………………………………………… (45)
任务四　粗骨料表面含水率试验 ………………………………………………… (46)
试验三　粗骨料表面含水率测定 ………………………………………………… (47)
任务五　粗骨料堆积密度试验 …………………………………………………… (48)
试验四　粗骨料松散堆积密度测定 ……………………………………………… (49)
任务六　粗骨料颗粒级配试验 …………………………………………………… (50)
试验五　粗骨料颗粒级配试验 …………………………………………………… (51)
任务七　粗骨料含泥量的测定 …………………………………………………… (53)
试验六　粗骨料含泥量试验 ……………………………………………………… (54)
任务八　针、片状颗粒含量* ……………………………………………………… (55)
试验七　针、片状颗粒含量试验 ………………………………………………… (57)
任务九　压碎指标值 ……………………………………………………………… (58)
试验八　粗骨料压碎指标值试验 ………………………………………………… (59)
项目四　普通混凝土试验 …………………………………………………… (60)
任务一　混凝土拌和物的拌制和取样 …………………………………………… (60)
任务二　混凝土拌和物坍落度试验 ……………………………………………… (61)
任务三　混凝土拌和物维勃稠度试验* …………………………………………… (63)
任务四　混凝土拌和物泌水试验* ……………………………………………… (64)
任务五　混凝土拌和物表观密度试验 …………………………………………… (65)
试验一　混凝土坍落度及表观密度试验 ………………………………………… (66)
任务六　混凝土试件成型与养护方法的一般规定 ……………………………… (68)
任务七　混凝土立方体抗压强度试验 …………………………………………… (69)
试验二　混凝土立方体抗压强度试验 …………………………………………… (70)
任务八　混凝土劈裂抗拉强度试验* …………………………………………… (71)
任务九　混凝土抗渗性能试验* ………………………………………………… (72)
任务十　混凝土抗冻性试验* …………………………………………………… (73)
任务十一　混凝土强度的非破损试验简介* …………………………………… (75)
混凝土工程实例一　混凝土配合比 ……………………………………………… (79)
混凝土工程实例二　混凝土立方体抗压强度 …………………………………… (80)
项目五　砂浆试验 …………………………………………………………… (82)
任务一　砂浆拌和物的实验室拌制 ……………………………………………… (82)
任务二　水泥砂浆稠度试验 ……………………………………………………… (83)
任务三　砂浆分层度试验 ………………………………………………………… (84)
试验一　砂浆稠度、分层度试验 ………………………………………………… (85)

注:带*项目内容的试验部分可选做。

任务四 砂浆立方体抗压强度试验 …………………………………………（86）
试验二 砂浆立方体抗压强度试验 ………………………………………（87）
项目六 砌墙砖试验* ………………………………………………（89）
任务一 简 述 ……………………………………………………………（89）
任务二 普通烧结砖强度试验 ……………………………………………（89）
试验一 砖材试验 …………………………………………………………（90）
任务三 多孔砖强度试验 …………………………………………………（92）
任务四 空心砖强度试验简介 ……………………………………………（93）
项目七 石油沥青试验* ……………………………………………（94）
任务一 针入度试验 ………………………………………………………（94）
任务二 延度试验 …………………………………………………………（95）
任务三 软化点试验 ………………………………………………………（97）
试验一 沥青试验 …………………………………………………………（98）
项目八 钢筋试验 ……………………………………………………（99）
任务一 一般规定 …………………………………………………………（99）
任务二 拉伸试验 …………………………………………………………（100）
任务三 钢筋冷弯试验 ……………………………………………………（102）
试验一 钢筋机械性能试验 ………………………………………………（103）
试验二 钢筋冷弯性能试验 ………………………………………………（104）
项目九 石料试验* …………………………………………………（106）
任务一 石料密度试验 ……………………………………………………（106）
任务二 石料的毛体积密度试验 …………………………………………（108）
任务三 石料吸水性试验 …………………………………………………（111）
任务四 石料抗压强度试验 ………………………………………………（112）
项目十 土工合成材料试验 …………………………………………（114）
任务一 概 述 ……………………………………………………………（114）
任务二 单位面积质量的测定 ……………………………………………（115）
任务三 厚度测定 …………………………………………………………（116）
任务四 水平渗透试验* …………………………………………………（117）
任务五 条样法拉伸试验 …………………………………………………（119）
任务六 撕裂试验 …………………………………………………………（120）
任务七 CBR 顶破试验* …………………………………………………（122）

第二篇 习 题

项目一 建筑材料的基本性质 ………………………………………（123）
项目二 气硬性胶凝材料 ……………………………………………（126）
项目三 水 泥 …………………………………………………………（128）
项目四 混凝土 ………………………………………………………（131）

项目五　砂　浆 …………………………………………………………… (138)
项目六　砌体材料 ………………………………………………………… (139)
项目七　建筑钢材 ………………………………………………………… (141)
项目八　防水材料 ………………………………………………………… (143)
项目九　木　材 …………………………………………………………… (145)
项目十　其他种类建筑材料 ……………………………………………… (146)
参考文献 …………………………………………………………………… (148)

第一篇　材料检测

概　述

建筑材料实训指导是建筑材料这门课程的一个重要组成部分，它是与课堂理论教学相配合的一个重要实践性教学环节。通过材料试验，不仅可以使学生巩固所学的理论知识，同时还可以使学生初步掌握各种主要建筑材料的检验技术与方法，加强学生对材料性能的感性认识，为将来在工作岗位上从事专业工作打下基础。学生通过试验操作可以得到试验基本技能的训练，有利于培养独立从事试验工作的能力。

一、建筑材料检测的目的

建筑材料检测就是根据有关标准的规定和要求，采取科学合理的检测手段，对建筑材料的性能参数进行检验和测定的过程。

建筑材料的品种很多，形态各异，性能相差很大。建筑材料质量、性能的好坏直接影响工程质量。要判断建筑材料质量的好坏，必须对建筑材料进行检测。

建筑材料的检测主要分为生产单位检测和施工单位检测两个方面。生产单位检测是通过测定材料的主要质量指标，判定材料的各项性能是否达到相应的技术指标规定，以评定产品的质量等级，判断产品质量是否合格，确定产品能否出厂。施工单位的检测是采用规定的抽样方法，抽取一定数量的材料送交相关资质等级的检测机构进行检测。其主要目的是通过测定材料的主要质量指标，判定材料的各项性能是否符合质量等级的要求，即是否合格，以确定该批建筑材料能否用于工程中。

建筑材料检测不仅是评定和控制建筑材料质量、施工质量的手段和依据，而且是推动科技进步、合理选择使用建筑材料、降低生产成本、提高企业经济效益的有效途径。

二、建筑材料检测的步骤

建筑材料检测，主要包括取样和实验室检测两个步骤。

(1)各种材料的抽样按有关标准进行，所抽取的试样必须具有代表性，这样检测出的技术数据才能代表被抽样的一批材料的性能。

(2)实验室检测由具有相应资质等级的合法检测机构进行。施工单位将按规定抽取的试样送交检测机构，由检测机构进行试验，试验的依据为现行的有关标准和规范。

三、建筑材料检测应严格执行规范规定

在试验过程中,试验方法、设备性能、试验条件的改变都将引起试验结果的差异。因此,为了做好试验工作,必须事先了解材料的技术性能和质量标准,掌握试验的操作方法,并力求达到熟练操作的程度。为此,所有的建筑材料试验方法都必须遵从国家或行业主管部门颁布的规范标准,这些法规文件提供的方法具有规范性,可以使不同人、不同实验室做的同类试验具有可比性。试验方法的规范标准有国家标准(编号带 GB 字样的)、国家住房和城乡建设部标准(编号带 JGJ 字样的)、国家建材工业总局标准(编号带 JC 字样的)和地方标准(编号带 DB 字样的)的区别,另外有些标准的编号为 T,表示该标准为推荐性标准。这些标准构成了建筑材料试验的法规体系,必须在试验中严格遵守。不按标准做的试验是不被认可的,所以本书所介绍的方法都以最新的相关标准做依据,但在实践中还要注意标准版本的更新,虽然一般标准在更新时只修改了部分内容,但若忽略,就会有试验不符合规范的情况发生。

四、数字修约的有关规定

在处理试验数据时要按照《数值修约规则与极限数值的表示和判定》(GB/T 8170—2008)进行,这样才能准确地表达试验数据的精确性。对于数值修约规则最重要的是明确有效数字的概念,有效数字位数是表示试验精度的基本指标,有效数字越多则表示试验结果越精密,但有效数字的多少不是任意人为确定的,它最终取决于试验仪器的精确度。

对于小数来说,小数最后一位或多位数可以为 0,这个 0 不可轻易去掉,因为它表示 0 后面的数字经过了修约处理,0 是一个保留下来的有效数字。对于整数来说,大整数后面的许多 0 未必是有效的,此时应该用幂的表达方式。如 35 000 实际上只有三位有效数字,而看起来却有五位有效数字。若改写成 350×10^2,则就明确表达出有效数字是三位数了。对于很小的小数,虽然不可能误解有效数字的位数,但使用起来不方便,此时最好也用幂的表达方式,如 0. 000 035 0 可以写为 350×10^{-7}。在修约规则中的一个重要原则是,改变了有效数字后面数字处理的四舍五入的习惯用法,可以总结为四舍(包括 0~4)六入(包括 6~9)五研究。例如,有效数字为 350,它可以是 350. 4 舍弃 0. 4 得到的,也可以是 349. 6 进一位得到的。至于要处理的数字是 5,若 5 后面的数字不全为 0,则进一,否则,按规定所保留的末位数字是偶数时(2、4、6、8、0)舍弃,末位数字是奇数时则进一,这就是所谓五研究。此外,还有许多特别修约规定,只在特殊情况下使用,这里就不一一列举了。

五、学好建筑材料试验需注意的问题

(1)试验前必须认真预习教材中的有关章节,弄清试验目的、基本原理及操作要求,准备好记录表格。

(2)要认真、细心地按试验内容和试验方法要求,准确地完成试验工作,并随时做出详细记录。

(3)在试验过程中,要爱护试验设备,遵守实验室的规章制度,尤其要注意安全制度,严禁违规操作,杜绝发生人身伤亡事故或损坏仪器设备。

(4)应具有独立钻研精神,要严密观察试验过程,注意发现问题和分析问题,以便对试验结果做出正确的结论。试验结束后,应按指导教师的要求保管试验记录和完成试验报告。

建筑材料实训指导课程是建筑材料课程体系中非常重要的一环,学会建筑材料试验的主要内容和熟练掌握试验过程、操作步骤及正确应用试验规范等,为今后走向工程检测、施工和监理等工作岗位奠定坚实的基础。

项目一 水泥试验

水泥试验包括水泥物理及力学试验和化学分析三个方面。从工程材料验收和复核的立场出发,通常仅做物理、力学试验,其项目有细度、标准稠度、凝结时间、体积安定性及强度等,其中体积安定性和强度为工程中的必检项目。此外,大体积混凝土工程中又常根据需要进行水化热试验。

任务一 水泥试验的一般规定

一、水泥取样

取样方法按《水泥取样方法》(GB/T 12573—2008)进行。可连续取,亦可从20个以上不同部位取等量样品,总量至少12 kg。

取样部位:取样应在有代表性的部位进行,并且不应在污染严重的环境中取样。一般在以下部位取样:

(1)水泥输送管路中。

(2)袋装水泥堆场。

(3)散装水泥卸料处或水泥运输机具上。

(一)取样步骤

1. 手工取样

手工取样主要针对散装水泥和袋装水泥,现分述如下。

1)散装水泥

当所取水泥深度不超过2 m时,每一个编号内采用散装水泥取样器随机取样。通过转动取样器内管控制开关,在适当位置插入水泥一定深度,关闭后小心抽出,将所取样品放入水泥取样桶中(水泥取样桶应为密闭的容器,封存样要加封条,容器应洁净、干燥、防潮、密闭、不易破损并且不影响水泥性能)。每次抽取的单样量应尽量一致。

2)袋装水泥

采用袋装水泥取样器取样,每一个编号内随机抽取不少于20袋水泥。将取样器沿对角线方向插入水泥包装袋中,用大拇指按住气孔,小心抽出取样管,将所取样品放入水泥取样桶中。每次抽取的单样量应尽量一致。

2. 自动取样

采用自动取样器取样。该装置一般安装在尽量接近水泥包装机或散装容器的管路中,从流动的水泥流中取出样品,将所取样品放入水泥取样桶中。

(二)取样量

(1)混合样的取样量应符合相关水泥标准要求。

(2)分割样的取样量应符合下列规定:①袋装水泥:每 1/10 编号从一袋中至少取 6 kg。②散装水泥:每 1/10 编号在 5 min 内至少取 6 kg。

检查数量:同一个生产厂家、同一强度等级(标号)、同一品种、同一批号且连续进场的水泥,不超过 200 t 为一批,每批抽样不少于一次。

二、试验前的准备及注意事项

(一)样品制备

每一编号所取水泥单样通过 0.9 mm 方孔筛后充分混匀,一次或多次将样品缩分到相关标准要求的定量,均分为试验样和封存样。试验样按相关标准要求进行试验,封存样按要求贮存以备仲裁。样品不得混入杂物和结块。

当试验水泥从取样至试验要保持 24 h 以上时,应把它贮存在基本装满和气密的容器里,这个容器应不与水泥起反应。

(二)试验用水

仲裁试验或其他重要试验用蒸馏水,其他试验可用饮用水。

(三)环境条件

试件成型室温为(20±2)℃,相对湿度不低于 50%(水泥细度试验可不做此规定);试件带模养护的湿气养护箱或雾室温度为(20±2)℃,相对湿度不低于 90%。

水泥试样、标准砂、拌和水及试模等的温度应与室温相同。

(四)仲裁试验

对水泥质量发生疑问需做仲裁试验时,应按仲裁检验的办法进行。

任务二　水泥细度试验

水泥的细度直接影响水泥的凝结时间、强度、水化热等技术性质,因此测定水泥的细度是否达到规范的要求,对工程质量具有重要意义。

一、试验目的

试验目的是检验水泥颗粒的粗细程度,由于其与水泥的诸多性质有关,因此必须检验水泥的细度,以它作为评定水泥质量的依据之一。

二、试验方法

根据《水泥细度检验方法　筛析法》(GB/T 1345—2005),水泥细度的测定方法有:以筛余表示细度的方法(负压筛法、水筛法、干筛法)和比表面积试验。

《通用硅酸盐水泥》(GB 175—2023)规定:硅酸盐水泥细度以比表面积表示,应不低于 300 m^2/kg 且不高于 400 m^2/kg。普通硅酸盐水泥、矿渣硅酸盐水泥、粉煤灰硅酸盐水泥、火山灰质硅酸盐水泥、复合硅酸盐水泥的细度以 45 μm 方孔筛筛余表示,应不低于 5%。当买方有特殊要求时,由买卖双方协商确定。

(一)负压筛法

1. 主要仪器设备

(1)负压筛析仪:由筛座、负压筛、负压源及吸尘器组成,筛座如图1-1所示。

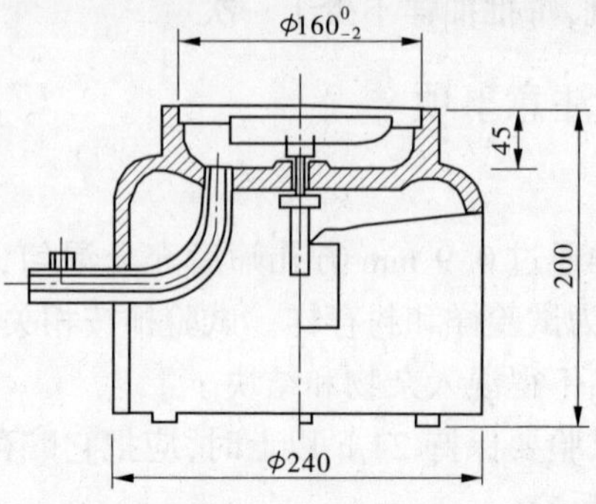

图1-1 负压筛筛座 (单位:mm)

(2)天平:最大称量为100 g,感量为0.05 g。

2. 试验步骤

(1)筛析试验前,将负压筛放在筛座上。盖上筛盖,接通电源,检查控制系统,调节负压至4 000~6 000 Pa范围内。

(2)称出试样25 g(精确至0.01 g),置于洁净的负压筛中,盖上筛盖,放在筛座上,开动筛析仪连续筛析2 min,筛析期间如有试样附着在筛盖上,可轻轻地敲击,使试样落下。

(3)筛毕,用天平称量筛余物。

(二)水筛法

1. 主要仪器设备

(1)水筛:铜丝网筛布,筛框有效直径125 mm,高80 mm。筛布应紧绷在筛框上,接缝必须严密、牢固。

(2)筛座:用于支撑筛子,并能带动筛子转动,转速约50 r/min。

(3)喷头:直径55 mm,面上均匀分布90个孔,孔径0.5~0.7 mm。喷头底面和筛布之间的距离为35~75 mm。

(4)天平、蒸发皿、烘箱等。

2. 试验步骤

(1)称取试样50 g(精确至0.01 g),倒入洁净的水筛中,立即用洁净水冲洗至大部分细粉通过后,放在水筛架上,用水压(0.05±0.02)MPa的喷头连续冲洗3 min。

(2)筛毕,用少量水把筛余物冲至蒸发皿(或烘样盘)中,等水泥颗粒全部沉淀后,小心倒出清水,烘至恒量。称量筛余物。

(三)手工干筛法

1. 主要仪器设备

水泥标准筛:0.08 mm方孔筛,筛框有效直径150 mm,高50 mm,并附有筛盖。

2. 试验步骤

(1)称取试样25 g(精准至0.01 g),倒入标准筛内,盖好筛盖。

(2)用一只手执筛往复摇动,另一只手轻轻拍打,拍打速度约 120 次/min,每 40 次向同一方向转动 60°,使试样均匀分布在筛网上,直至通过的试样量不超过 0.03 g/min。

(3)称量筛余物。

三、试验结果处理

(1)水泥试样筛余百分数按式(1-1)计算(结果精确至 0.1%):

$$F = \frac{R_t}{W} \times 100\% \tag{1-1}$$

式中　F——水泥试样的筛余百分数;

R_t——水泥筛余物的质量,g;

W——水泥试样的质量,g。

(2)筛余结果修正。

为使试验结果有可比性,应采用试验筛修正系数法修正计算结果。修正系数的确定按《水泥细度检验方法　筛析法》(GB/T 1345—2005)中附录 A 的规定进行。

(3)当对试验结果发生争议时,以负压筛法为准。

试验一　水泥细度检验(负压筛法)

一、试验目的

二、试验方法与步骤

三、试验要求

(1)筛析试验前,调节负压至 4 000~6 000 Pa 范围内。

(2)80 μm 筛析称试样 25 g,45 μm 筛析称试样 10 g,置于洁净的负压筛中,连续筛析 2 min。

(3)称取试样(精确至 0.01 g)。

四、试验记录

水泥品种______________________强度等级______________________

出厂单位______________出厂日期______________试验日期______________

试样质量(g)	筛余后质量(g)	筛余百分数(%)	细度

五、结果计算与评定

(1)结果计算至 0.1%。

(2)结论(细度是否合格):______________。

六、回答问题

水泥细度试验常用的方法有哪些?在使用这些方法时出现分歧,以哪种方法为准?

任务三　水泥标准稠度用水量试验

水泥标准稠度用水量以水泥净浆达到规定稀稠程度时的用水量占水泥用量的百分数来表示。水泥浆的稀稠,对水泥的凝结时间、体积安定性等技术性质的试验结果影响很大。为了便于对试验结果进行分析比较,必须在相同的稠度下试验。所以,水泥标准稠度用水量的测定,是水泥凝结时间、体积安定性试验的基础。

一、试验目的

通过试验测定水泥净浆达到标准稠度的需水量,作为水泥凝结时间、安定性试验的用水量标准。按《水泥标准稠度用水量、凝结时间、安定性检验方法》(GB/T 1346—2011),标准稠度用水量可用标准法或代用法来测定,当有争议时,以前者为准。

二、试验方法

(一)主要仪器设备

(1)标准法维卡仪(水泥标准稠度仪)(见图 1-2):是用来测定水泥标准稠度和凝结时间的标准仪器,当测定标准稠度时,在可滑动的金属圆棒下装一金属空心试锥,滑动部分的总质量为(300±1)g。装净浆用锥模和厚度不小于 4~5 mm 的平板玻璃底板。

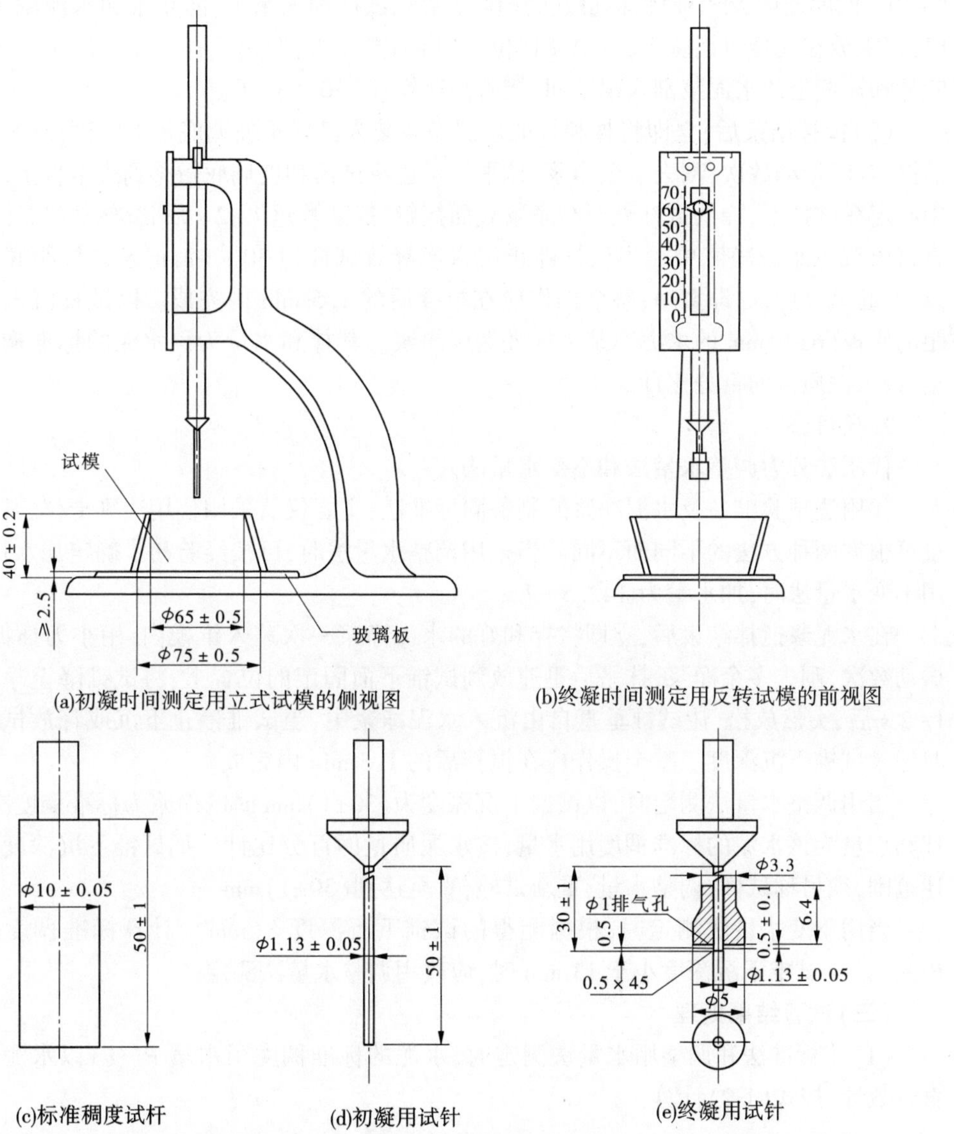

(a)初凝时间测定用立式试模的侧视图　(b)终凝时间测定用反转试模的前视图

(c)标准稠度试杆　(d)初凝用试针　(e)终凝用试针

图 1-2　测定水泥标准稠度和凝结时间用的维卡仪　(单位:mm)

(2)水泥净浆搅拌机:由搅拌叶片和搅拌锅组成,并符合建材行业标准《水泥净浆搅拌机》(JC/T 729—2005)的要求。

(3)天平:能准确称量至 1 g。

(4)湿气养护箱、量筒(精度为±0.5 mL)、秒表、拌和铲等。

(二)试验步骤

1. 标准法

(1)试验前须进行仪器检查:仪器金属圆棒应能自由滑动;调整至试杆接触玻璃板时,指针对准标尺零点;搅拌机运转正常。

(2)制备净浆:先用湿布擦拭搅拌锅和搅拌叶片,将拌和水倒入搅拌锅内,然后在5~10 s的时间内,小心地将称量好的500 g水泥试样加入水中,防止水和水泥溅出;拌和时,将锅放在搅拌机锅座上,升至搅拌位置,启动搅拌机,低速搅拌120 s,停15 s,同时将叶片和锅壁上的水泥浆刮入锅中间,接着高速搅拌120 s,停机。

(3)搅拌结束后,立即将拌和好的水泥净浆装入已置于玻璃底板上的试模中,用小刀插捣,轻轻振动数次,刮去多余净浆,抹平后迅速将试模和玻璃底板移到维卡仪上,并将其中心定在试杆下,降低试杆直至与净浆表面接触,拧紧螺丝1~2 s后,突然放松,让试杆垂直自由沉入水泥净浆中。当试杆停止沉入或释放试杆为30 s时,记录试杆距底板的距离,升起试杆后,立即擦净;整个操作应在搅拌后的1.5 min内完成。以试杆沉入净浆并距离底板(6±1)mm的水泥净浆为标准稠度净浆。其拌和水量为该水泥的标准稠度用水量,按水泥质量的百分比计。

2. 代用法

代用法分为调整水量法和不变水量法。

代用法试验准备及水泥净浆的制备同标准法,主要仪器采用代用法维卡仪,其拌和水量可根据两种方法的不同而不同。当采用调整水量法时,可按经验初步确定加水量;当采用不变水量法时,加水量为142.5 mL。

在水泥浆搅拌结束后,立即将拌和好的水泥净浆一次装入锥模内,用小刀插捣,轻轻振动数次,刮去多余净浆,抹平后迅速放到试锥下面固定的位置上,将试锥降至净浆表面1~2 s后,突然放松,让试锥垂直自由沉入水泥净浆中,当试锥停止下沉或释放试锥30 s时记录试锥下沉深度。整个操作应在搅拌后的1.5 min内完成。

当用调整水量法测定时,以试锥下沉深度为(30±1)mm时的净浆为标准稠度净浆,其拌和水量为该水泥的标准稠度用水量,按水泥质量的百分比计。如试锥下沉深度超出上述范围,须另称试样,调整水量,重新试验,直至达到(30±1)mm。

当用不变水量法测定时,根据测得的试锥下沉深度S(mm),计算标准稠度用水量P(%)。当试锥下沉深度小于13 mm时,应改用调整水量法测定。

(三)试验结果处理

(1)用标准法和调整用水量法测定时,水泥的标准稠度用水量P(%)以水泥质量的百分数计,按式(1-2)计算:

$$P = \frac{m_1}{m_2} \times 100\% \tag{1-2}$$

式中 m_1——水泥净浆达到标准稠度时的用水量,g;

m_2——水泥试样质量,g。

(2)用不变水量法测定时,按式(1-3)计算标准稠度用水量P(%):

$$P = 33.4 - 0.185S \tag{1-3}$$

式中　S——试锥下沉深度,mm。

试验二　水泥标准稠度用水量试验

一、试验目的

二、试验方法与步骤

三、试验要求

(1)水量精确至0.1 mL,整个操作应在搅拌后1.5 min内完成。

(2)不变用水量法,按公式 $P(\%) = 33.4 - 0.185S$ ($S \geq 13$ mm)计算出标准稠度用水量。

(3)调整用水量法:以试杆沉入净浆并距底板(6±1)mm的水泥净浆为标准稠度水泥净浆。

四、试验记录

水泥品种__________强度等级__________水温__________℃

出厂单位__________出厂日期__________试验日期__________

次数	水泥试样(g)	加水量(mL)	试锥下沉深度 S(mm)	标准稠度用水量 P(%)

五、结果计算与评定

(1)不变用水量法,按公式 $P(\%) = 33.4 - 0.185S$ ($S \geq 13$ mm)计算出标准稠度

用水量。

(2)调整用水量法:按公式 $P(\%)=水/灰\times100\%$计算出标准稠度用水量。

(3)结论:该种水泥,标准稠度用水量为________%。

六、回答问题

制备净浆时,为什么要先用湿布擦拭搅拌锅和搅拌叶片?

任务四　水泥凝结时间测定

水泥凝结时间有初凝与终凝之分。初凝时间是指从加水到水泥净浆开始失去塑性的时间;终凝时间是指从加水到完全失去塑性的时间。凝结时间以 h 及 min 来表示。

一、试验目的

测定水泥达到初凝和终凝所需的时间,由于凝结时间的长短对施工方法和工程进度有很大的影响,故需进行凝结时间的测定,以检验水泥是否满足国家标准的要求。

二、主要仪器设备

凝结时间测定宜采用维卡仪,测定初凝与终凝时间的试针仪具体如图 1-2 所示。

三、试验步骤

(1)测定前,将圆模放在玻璃板上(在圆模内侧及玻璃板上涂一薄层机油),调整圆杆上的试针,使试针接触玻璃板时对准标尺零点(标尺最大刻度)。

(2)以标准稠度用水量,按"标准稠度用水量试验"的方法拌制净浆。记录开始加水的时刻作为凝结时间的起始时刻。

(3)将拌制好的标准稠度净浆,立即一次装入圆模,振动数次后刮平,然后放入湿气养护箱内。

(4)初凝时间测定:试件在湿气养护箱中养护至 30 min 时进行第一次测定,测定时,从养护箱取出盛净浆的圆模,置于试针下,使试针与净浆面刚好接触,拧紧螺丝 1~2 s 后,突然放松螺丝,让试针垂直自由沉入净浆。观察试针停止下沉或释放试针 30 s 时指针的读数。当试针沉至距底板(4±1)mm 时,为水泥达到初凝状态;水泥全部加入水中至初凝状态的时间为水泥初凝时间,用 min 来表示。

(5)终凝时间测定:为了准确观察试针沉入状态,在终凝针上安装了一个环形附件,在完成初凝时间测定后，立即将试模连同浆体以平移方式从玻璃板上取下，翻转180°，使直径大端朝上，把小端贴到玻璃板上放好，再放到湿气养护箱中养护。当临近终凝时每隔15 min测试一次，当试针沉入试体0.5 mm，即环形附件开始不能在试体上留下痕迹时，为水泥达到终凝状态。水泥全部加入水中至终凝状态的时间为水泥终凝时间，用min来表示。

测定时要注意，在最初测试操作时应轻轻扶持金属杆，使之徐徐下降，以防试针撞弯，但测试结果以自由下落为准，在整个测试过程中，试针贯入的位置至少要距圆模内壁10 mm。临近初凝和终凝时，应每隔15 min测试1次。到达初凝或终凝时应立即复测一次，且两次结果必须相同。测试过程中，圆模应不受振动，每次测试不得让试针落入原针孔内，每次测试完毕均须将盛有净浆的圆模放回养护箱，并将试针擦净。

《水泥标准稠度用水量、凝结时间、安定性检验方法》(GB/T 1346—2011)允许使用能得出与标准中规定方法相同结果的凝结时间测定仪，使用时不必翻转试体。

四、试验结果处理

凝结时间的计算，可按式(1-4)、式(1-5)进行：

初凝时间
$$T_{初} = T_1 - T_0 \tag{1-4}$$

终凝时间
$$T_{终} = T_2 - T_0 \tag{1-5}$$

式中 T_1——水泥初凝时刻；

T_2——水泥终凝时刻；

T_0——水泥全部加入水中的起始时刻。

试验三 水泥凝结时间试验

一、试验目的

二、试验方法与步骤

三、试验要求

(1)标准水泥稠度水泥净浆一次装入圆模排出气体，刮平。

(2)初凝：试针距底板(4±1)mm(临近初凝每隔5 min测一次)。

(3)终凝:试针沉入试体0.5 mm(试模连同浆体以平移的方式从玻璃板上取下,翻转180°,直径大端朝上、小端朝下放在玻璃板上),即环形附件开始不能在试体上留下痕迹。临近终凝每隔15 min测一次。

四、试验记录

水泥品种________________强度等级________________

出厂单位____________出厂日期____________试验日期____________

试样编号	标准稠度用水量 P(%)	加水时刻(时:分)	初凝时刻(时:分)	终凝时刻(时:分)	凝结时间	
					初凝(min)	终凝(min)

五、结果计算与评定

(1)由水泥全部加入水中至初凝状态的时间为水泥的初凝时间。

(2)由水泥全部加入水中至终凝状态的时间为水泥的终凝时间。

(3)结论:(初凝、终凝是否合格)________________。

六、回答问题

测定水泥凝结时间为什么要控制环境温度?

任务五 水泥安定性试验

水泥安定性是指水泥在凝结硬化过程中体积变化的均匀性。水泥中如果含有较多的游离 CaO、MgO 或 SO_3,就能使体积发生不均匀的变化。这样的水泥称为安定性不合格水泥。《水泥标准稠度用水量、凝结时间、安定性检验方法》(GB/T 1346—2011)的规定,水泥安定性的测定方法有标准法和代用法两种,标准法亦称雷氏法,通过测定装有水泥净浆的雷氏夹沸煮后的膨胀值来评价安定性;代用法又称饼法,通过观察试饼沸煮后的外形变化来评价安定性。有争议时以标准法为准。

一、试验目的

检验水泥在硬化过程中体积变化是否均匀,用以评定水泥质量。

二、试验方法及步骤

(一)标准法

1. 主要仪器设备

(1)沸煮箱:箅板与加热器之间的距离大于 50 mm。

(2)雷氏夹(见图 1-3)。

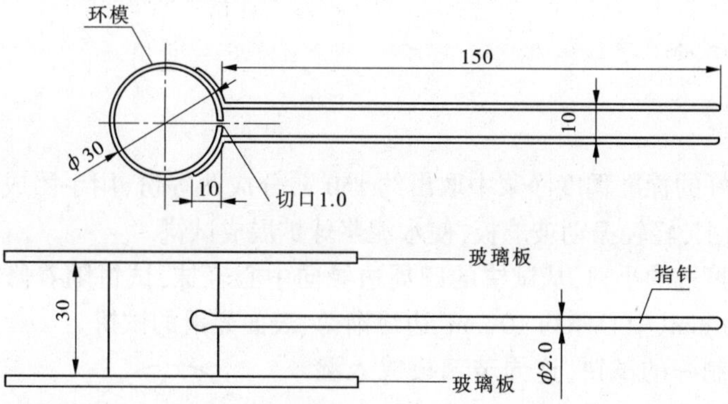

图 1-3 雷氏夹 (单位:mm)

(3)雷氏夹膨胀值测定仪(见图 1-4)。

(4)其他仪器设备与“水泥标准稠度用水量试验”相同。

2. 试验步骤

(1)将雷氏夹置于玻璃板上,与水泥浆接触的表面均须涂上一薄层机油,每个试样成型 2 个试件。

(2)将拌制好的标准稠度净浆装满雷氏夹圆环,一只手轻扶雷氏夹,另一只手用宽约 25 mm 的直边刀插捣数次,然后抹平,顶面盖一涂油的玻璃板(玻璃板上配重块的质量为 70~80 g),立即将上、下盖有玻璃板的雷氏夹移到养护箱中,养护(24±2)h。

(3)在沸煮前,用雷氏夹膨胀值测定仪测量试件指针尖端间的距离(A),精确

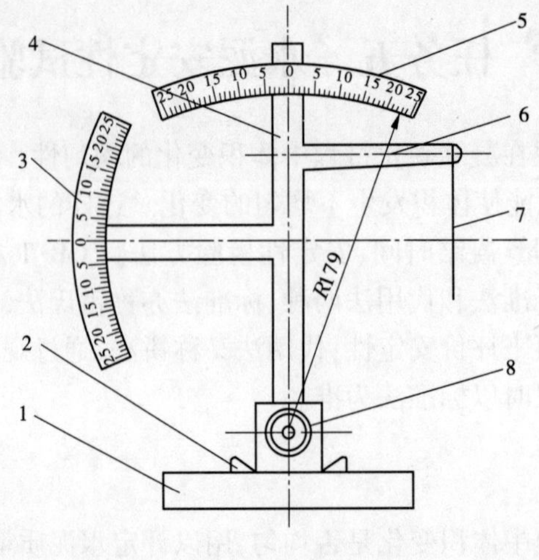

1—底座;2—模子座;3—测弹性标尺;4—立柱;
5—测膨胀值标尺;6—悬臂;7—悬丝;8—弹簧顶钮

图 1-4 雷氏夹膨胀值测定仪

至 0.5 mm。

(4)将试件放在沸煮箱水中箅板上,指针朝上,试件相互不交叉,然后在(30±5)min 内加热至沸腾,并恒沸(180±5)min。

(二)代用法

1. 主要仪器设备

参见标准法。

2. 试验步骤

(1)从拌制好的标准稠度净浆中取出约 150 g,分成两等份,用手团成球形,放在涂少许机油的玻璃板上,轻轻振动玻璃板,使水泥浆球扩展成试饼。

(2)用湿布擦过的小刀,从试饼的四周边缘向中心轻抹,试饼随着修抹略做转动,做成直径为 70~80 mm、中心厚约 10 mm、边缘渐薄、表面光滑的试饼。

(3)立即将制好的试饼,连同玻璃板放入湿气养护箱内养护(24±2)h。

(4)将养护好的试饼,从玻璃板上取下,首先检查试饼是否完整,如已龟裂、翘曲,甚至崩溃等(见图 1-5),要检查原因,确证无外因时,该试饼已属安定性不合格(不必沸煮)。在试饼无缺陷的情况下,将试饼放在沸煮箱内水中的箅板上,(30±5)min 内加热至沸腾,并恒沸(180±5)min。在整个沸煮过程中,应使水面高出试件,且不能中途加水。

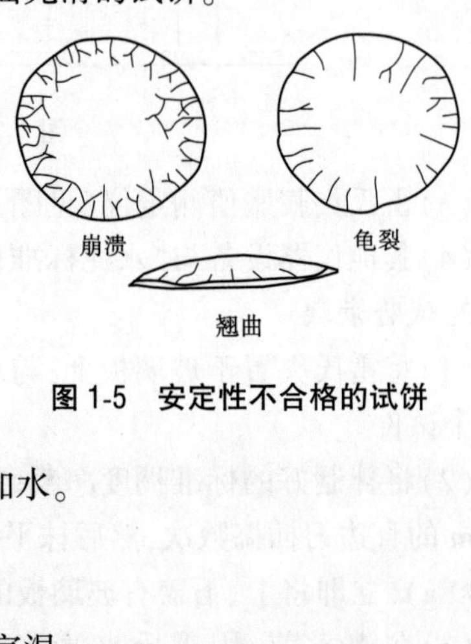

图 1-5 安定性不合格的试饼

三、试验结果处理

(1)煮毕,将热水放掉,打开箱盖,使箱体冷却至室温。

(2)对于雷氏法,取出煮后雷氏夹试件,测量试件指针尖端的距离(C),精确至 0.5 mm,计算雷氏夹膨胀值($C-A$)。当两个试件煮后膨胀值($C-A$)的平均值不大于 5.0 mm 时,即认为该水泥安定性合格;当两个试件的($C-A$)值超过 5.0 mm 时,应用同一样品重做一次试验。再如此则判定该水泥安定性不合格。

(3)对于饼法,取出煮后试饼,若出现如图 1-5 中的任一情况,则安定性为不合格。若经肉眼观察未发现裂纹,用直尺检查没有翘曲(用钢直尺和试饼底部紧靠,以两者间不透光为不翘曲)的试饼的安定性合格,反之为不合格。当两个试饼的判断结果有矛盾时,该水泥的安定性为不合格。

试验四　水泥体积安定性试验(雷氏夹法)

一、试验目的

二、试验方法与步骤

三、试验要求

(1)将拌制好的标准稠度净浆装满雷氏夹圆环,一只手轻扶雷氏夹,另一只手用宽约 25 mm 的直边刀插捣数次,然后抹平,立即将上、下盖有玻璃板的雷氏夹移到养护箱中,养护(24±2)h。

(2)在沸煮前,用雷氏夹膨胀值测定仪测量试件指针尖端间的距离(A)。

(3)在(30±5)min 内加热至沸腾,并恒沸(180±5)min。

四、试验记录

水泥品种________________出厂日期________________

出厂单位________________强度等级________________试验日期________________

试样编号	沸煮后雷氏夹指针尖端的距离 C(mm)	沸煮前雷氏夹指针尖端的距离 A(mm)	雷氏夹膨胀值 $(C-A)$(mm)	$(C-A)$平均值(mm)
1				
2				

五、结果评定

结论：该水泥体积安定性________________。

六、回答问题

沸煮结束后，试件为什么要冷却至室温？

任务六　水泥胶砂强度试验

水泥胶砂强度反映了水泥硬化到一定龄期后胶结能力的大小，是确定水泥强度等级的依据。它是水泥的主要质量指标之一。本试验方法的依据是《水泥胶砂强度检验方法(ISO法)》(GB/T 17671—2021)。

一、试验目的

检验水泥各龄期强度，以确定强度等级或已知强度等级，检验强度是否满足国家标准所规定的各龄期强度数值。

二、主要仪器设备

(1)行星式胶砂搅拌机：符合《行星式水泥胶砂搅拌机》(JC/T 681—2022)的规定，其搅拌叶片既绕自身轴线做顺时针自转，又沿搅拌锅周边做逆时针公转。水泥胶砂搅拌机叶片及搅拌锅如图1-6所示。

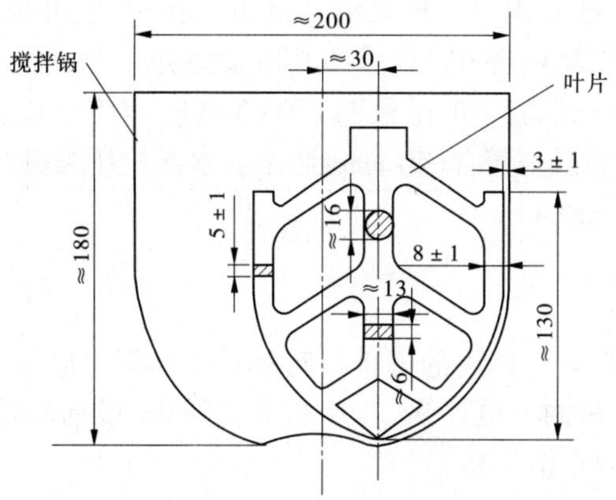

图 1-6 水泥胶砂搅拌机叶片及搅拌锅 （单位：mm）

搅拌叶片自转时的速度为：高速（285±10） r/min，低速（140±5） r/min；搅拌叶片公转时的速度为：高速（125±10）r/min，低速（62±5）r/min。

（2）胶砂振实台（见图 1-7）：振实台的振幅为（15±0.3）mm，振动频率为 1 Hz（1 次/s）。

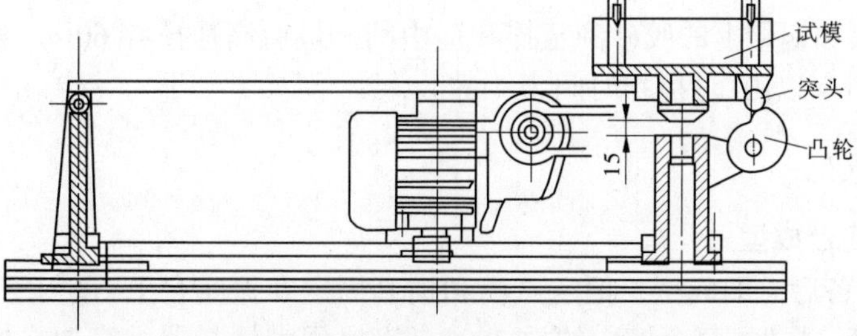

图 1-7 胶砂振实台 （单位：mm）

（3）胶砂振动台（见图 1-8）：是胶砂振实台的代用设备，振动台的全波振幅为（0.75±0.02）mm，振动频率为 2 800~3 000 次/min。

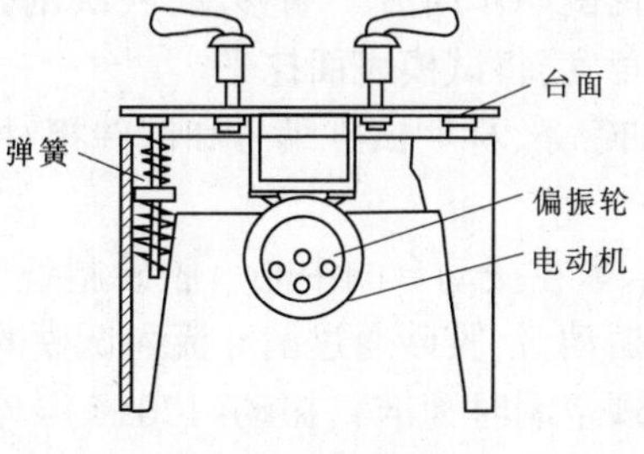

图 1-8 胶砂振动台

（4）胶砂试模：试模由三个水平的模槽组成，可同时成型三条尺寸为 40 mm×40 mm×160 mm 的棱柱体试件。

胶砂试模附有下料漏斗或播料器。

（5）刮平直尺：规格为 300 mm×300 mm×2 mm。

（6）抗折试验机：一般采用双杠杆式电动抗折试验机，也可采用性能符合《水泥胶砂电动抗折试验机》（JC/T 724—2005）要求的其他试验机。

（7）抗压试验机：抗压试验机的量程以200～300 kN为佳，示值相对误差不超过1%。

（8）抗压夹具：抗压夹具应符合《40 mm×40 mm 水泥抗压夹具》（JC/T 683—2005）的要求，试件受压面积为40 mm×40 mm。

三、胶砂制备

（1）试验前，将试模擦净，四周的模板与底座的接触面上应涂黄油，紧密装配，防止漏浆。内壁均匀刷一薄层机油。搅拌锅、叶片和下料漏斗（或播料器）等用湿布擦干净（更换水泥品种时，也须用湿布擦干净）。

（2）胶砂配合比。水泥与ISO标准砂的质量比为1∶3，水灰比为1∶2。一锅胶砂成型三条试件的材料用量：水泥（450±2）g、ISO标准砂（1 350±5）g、拌和水（225±1）mL。

（3）搅拌程序。先将量好的水加入锅内，再加入称好的水泥，把锅放在固定架上，上升至固定位置。立即开动机器，低速搅拌30 s后，在第二个30 s开始的同时均匀加入标准砂。当各级标准砂分装时，由粗到细依次加入；当各级标准砂混合包装时，应均匀加入。标准砂全部加完（30 s）后，把机器转至高速再拌30 s。接着停拌90 s，在刚停的15 s内用橡皮刮具将叶片和锅壁上的胶砂刮至拌和锅中间。最后高速搅拌60 s。各个搅拌阶段，时间误差应在±1 s以内，总搅拌时间为4 min。

四、试件成型

（一）用振实台成型

（1）胶砂制备后立即成型。把空试模和模套固定在振实台上，用勺子将胶砂分两层装入试模。装第一层时，每个槽内约放300 g胶砂，用大播料器垂直加在模套顶部，沿每个模槽来回一次将料层播平，接着振实60次；再装入第二层胶砂，用小播料器播平，再振实60次。

（2）振实完毕后，移走模套，取下试模，用刮平直尺以近似90°的角度，架在试模的一端，沿试模长度方向，以横向锯割动作向另一端移动，一次刮去高出试模多余的胶砂。最后用同一刮尺以近乎水平的角度，将试模表面抹平。

（3）在试模上做标记或加字条，标明试件编号和试件相对于振实台的位置。

（二）用振动台成型

（1）将试模和下料漏斗卡紧在振动台的中心。胶砂制备后立即将拌好的全部胶砂均匀地装入下料漏斗内。启动振动台，胶砂通过漏斗流入试模的下料时间为20～40 s（下料时间以漏斗三格中的两格出现空洞时为准），振动（120±5）s停机。

下料时间若为20～40 s，须调整漏斗下料口宽度或用小刀划动胶砂以加速下料。

（2）振动完毕后，自振动台取下试模，移去下料漏斗。试模表面抹平及编号等要求与振实台成型相同。

五、试件养护

（1）脱模前的处理与养护。成型后立即将做好标记的试模放入雾室或湿气养护箱的水平架上养护，养护时试模不应重叠。养护到规定的脱模时间时取出试模，用防水墨汁或颜料笔对试件进行编号和做其他标记。两个龄期以上的试件，在编号时应将同一试模中的三条试件分在两个以上龄期的组中。

（2）脱模。脱模时应非常小心，以防损伤试件，可用塑料锤或橡皮榔头或专门的脱模器。对 24 h 龄期的试件，应在强度试验前 20 min 脱模，并用湿布覆盖至试验；对 24 h 以上龄期的试件，应在成型后 20~24 h 脱模。硬化较慢的水泥允许延期脱模，但在试验报告中应予说明。

（3）水中养护。将做好标记的试件立即水平或竖直放在（20±1）℃的水中养护，水平放置时刮平面应朝上。养护期间，试件间隔和试件上表面的水深不得小于 5 mm，且不允许全部更换养护水。每个养护池（或容器）内只能养护同类型的水泥试件。

（4）试件龄期。试件龄期是从水泥加水搅拌开始时算起，至强度测定所经历的时间。不同龄期的试件必须相应地在 24 h±15 min、48 h±30 min、72 h±45 min、7 d±2 h、28 d±8 h 的时间内进行强度试验。到龄期的试件在强度试验前 15 min 从水中取出，揩去试件表面的沉积物，并用湿布覆盖至试验开始。

六、强度试验步骤及结果处理

（一）抗折强度试验

（1）将抗折试验机夹具的圆柱表面清理干净，并调整杠杆处于平衡状态。

（2）用湿布擦去试件表面的水分和砂粒，将试件放入夹具内，使试件成型时的侧面与夹具的圆柱接触。调整夹具，使杠杆在试件折断时尽可能接近平衡位置。

（3）以（50±10）N/s 的速度进行加荷，直到试件被折断，记录破坏荷载 P（N）或抗折强度 $f_{ce,m}$（MPa）。

（4）保持半截棱柱体（断块）处于潮湿状态直至抗压试验开始。

（5）按式（1-6）计算每条试件的抗折强度 $f_{ce,m}$（计算至 0.1 MPa）：

$$f_{ce,m}=\frac{3PL}{2bh^2}=0.002\,34P \tag{1-6}$$

式中　P——破坏荷载，N；

L——支撑圆柱的中心距离，为 100 mm；

b、h——试件断面的宽和高，均为 40 mm。

（6）每组试件的抗折强度，以三条棱柱体试件抗折强度测定值的算术平均值作为试验结果。当三个测定值中仅有一个超出平均值的±10%时，应剔除这个数据，再以其余两个测定值的平均数作为试验结果。当有两个试件的测定结果均超过平均值的±10%时，应重做试验。

（二）抗压强度试验

（1）在抗折试验后的六个断块的侧面上，进行抗压试验。抗压试验须用抗压夹具，使试件受压面积为 40 mm×40 mm。试验前，应将试件受压面与抗压夹具清理干净，试件的底面应紧靠夹具上的定位销，断块露出上压板外的部分应不少于 10 mm。

（2）在整个加荷过程中，夹具应位于压力机承压板中心，以（2 400±200）N/s 的速率均匀地加荷直至破坏,记录破坏荷载 P(kN)。

(3)按式(1-7)计算每块试件的抗压强度 $f_{ce,c}$(计算至 0.1 MPa):

$$f_{ce,c}=\frac{P}{A}=0.000\,625P \tag{1-7}$$

式中 P——破坏荷载,N;

A——受压面积,40 mm×40 mm。

(4)每组试件的抗压强度,以三条棱柱上得到的六个抗压强度测定值的算术平均值作为试验结果。如六个测定值中仅有一个超出平均值的±10%时,应剔除这个数据,再以其余五个测定值的平均数作为试验结果;如果五个测定值中再有超出其平均值±10%的,则该组结果作废。

根据上述方法测得的抗折强度、抗压强度的试验结果,按相应的水泥标准确定其水泥强度等级。

试验五 水泥胶砂强度试验

一、试验目的

二、试验方法与步骤

三、试验要求

(1)试样用料:水泥 450 g,标准砂 1 350 g,用水量 225 mL。

(2)成型后送入养护室。经过 20~24 h 脱模并做好标记,然后放入(20±1)℃水中,养护至规定龄期进行抗折、抗压试验。

四、试验记录

水泥品种＿＿＿＿＿＿＿＿＿＿强度等级＿＿＿＿＿＿＿＿＿＿

出厂单位＿＿＿＿＿＿＿出厂日期＿＿＿＿＿＿＿成型日期＿＿＿＿＿＿＿

<table>
<tr><td colspan="8">强　度　试　验</td></tr>
<tr><td colspan="2">成型日期</td><td colspan="3"></td><td colspan="3"></td></tr>
<tr><td colspan="2">试压日期</td><td colspan="3"></td><td colspan="3"></td></tr>
<tr><td colspan="2">龄　期</td><td colspan="3">3 d</td><td colspan="3">28 d</td></tr>
<tr><td rowspan="3">抗折</td><td>荷重(kN)</td><td></td><td></td><td></td><td></td><td></td><td></td></tr>
<tr><td>强度(MPa)</td><td></td><td></td><td></td><td></td><td></td><td></td></tr>
<tr><td>代表值(MPa)</td><td colspan="3"></td><td colspan="3"></td></tr>
<tr><td rowspan="5">抗压</td><td rowspan="2">荷重(kN)</td><td></td><td></td><td></td><td></td><td></td><td></td></tr>
<tr><td></td><td></td><td></td><td></td><td></td><td></td></tr>
<tr><td rowspan="2">强度(MPa)</td><td></td><td></td><td></td><td></td><td></td><td></td></tr>
<tr><td></td><td></td><td></td><td></td><td></td><td></td></tr>
<tr><td>代表值(MPa)</td><td colspan="3"></td><td colspan="3"></td></tr>
</table>

五、结果评定

结论：＿＿＿＿＿＿＿＿。

六、回答问题

水泥胶砂强度试验为什么必须用 ISO 标准砂？

项目二　细骨料试验

混凝土细骨料试验的目的是评定细骨料的质量,并为混凝土配合比设计提供资料。为了获得细骨料质量的可靠数据,必须选取具有足够代表性的试样,并应遵守《建设用砂》(GB/T 14684—2022)及相关的行业检验标准。从工程应用的角度出发,对于细骨料的检测不使用出厂的检验规程,而使用施工材料验收的行业规程。所以,检测方法除遵照国标外,还应参照《普通混凝土用砂、石质量及检验方法标准》(JGJ 52—2006)的规定进行。

任务一　细骨料试验的一般规定

一、细骨料的取样方法

(一)取样

在料堆取样时,取样部位应均匀分布。取样前先将取样部位表层铲除,然后由各部位抽取大致相等的砂共8份,组成一组样品。

(二)样品的缩分方法

细骨料—砂样品的缩分方法如下(可选择下述两种方法之一)。

1. 采用分料器

使样品在潮湿状态下拌和均匀,然后使样品通过分料器,留下接料斗中的其中一份,用另一份再次通过分料器,重复上述过程,直至把样品缩分到试验所需量。

2. 采用人工四分法缩分

将所取每组试样的样品置于平板上,在潮湿状态下搅拌均匀,并堆成厚度约为20 mm的“圆饼”,然后沿互相垂直的两条直径把“圆饼”分成大致相等的4份,取其对角的2份重新拌匀,再堆成“圆饼”。重复上述过程,直至缩分后的材料质量略多于进行试验所必需的量。

二、取样数量

每一项试验项目所需细骨料的最少取样量见表2-1。

表2-1　细骨料各项试验的最少取样量

序号	试验项目	最少取样量(kg)
1	颗粒级配	4.4
2	含泥量	4.4
3	表观密度	2.6

续表 2-1

序号	试验项目	最少取样量(kg)
4	堆积密度与空隙率	5.0
5	饱和面干吸水率	4.4
6	含水率	1.0

三、一般要求

(1)试样烘至恒量。通常是指相邻两次称量间隔时间不小于 3 h 的情况下,前后两次称量之差小于该项试验所要求的称量精度。

(2)试验环境温度。骨料试验允许在 20~25 ℃的室温下进行,水温与室温相同,称量过程中水的温差不得超过 2 ℃。

任务二 细骨料颗粒级配试验

一、试验目的

细骨料颗粒级配试验的目的,是通过筛分析来检验细骨料(砂)的级配及其粗细程度是否符合规范要求。在拌制混凝土时,细骨料的级配和粗细程度,对节约水泥和获得均匀的混凝土有重要意义。

二、主要仪器设备

(1)砂样标准筛 1 套:包括孔径为 9.50 mm、4.75 mm、2.36 mm、1.18 mm、600 μm、300 μm、150 μm 的方孔筛各一只,并附筛底和筛盖。

(2)天平:称量 1 kg,感量 1 g。

(3)摇筛机:电动振动筛,振幅为(0.5±0.1)mm,频率为(50±3)Hz。

(4)搪瓷盘、毛刷等。

三、试样制备

砂样先用孔径为 9.50 mm 的方孔筛筛除大于 9.50 mm 的颗粒(算出其筛余百分率并进行记录),然后用四分法缩分至每份不少于 550 g 的试样两份,放在(105±5)℃烘箱中烘至恒量,冷却至室温。

四、试验步骤

(1)称取烘干试样两份,每份 500 g,精确至 1 g,记为 m,分别进行试验。

(2)将试样倒入标准筛中,其筛孔尺寸自上而下,由粗到细,顺次排列。

(3)套筛用摇筛机摇 10 min 后,按筛孔大小顺序,在清洁的搪瓷盘上再逐个用手筛,直至每分钟通过量不超过试样总量的 0.1%(0.5 g)。通过的颗粒并入下一号筛中,并和下一号筛中的砂样一起过筛。按这样顺序进行,直至各号筛全部筛完。如无摇筛机,可以直接用手筛。

(4)称出各号筛的筛余量,精确至 1 g,试样在各号筛上的筛余量不得超过式(2-1)计算出的量:

$$m_r = \frac{A\sqrt{d}}{200} \tag{2-1}$$

式中 m_r——在一个筛上的筛余量,g;

A——筛面面积,mm^2;

d——筛孔孔径,mm。

若超过则按下述方法之一处理:

①将该颗粒试样分成少于按式(2-1)计算出的量,分别筛分,并以筛余量之和作为该号筛的筛余量;

②将该粒级及以下各粒级的筛余混合均匀,称出其质量,精确至 1 g。再用四分法缩分为大致相等的两份,取其中一份,称出其质量,精确至 1 g,继续筛分。计算该粒级及以下各粒级的分计筛余量时应根据缩分比例进行修正。

(5)用毛刷轻轻地刷净各筛上遗留的试样。

(6)称出各个筛上的筛余量 m_n(g)。

五、试验结果处理

(1)按式(2-2)计算各个筛上的分计筛余百分率(精确至 0.1%):

$$a_n = \frac{m_n}{m_s} \times 100\% \tag{2-2}$$

式中 m_n、a_n——4.75 mm、2.36 mm、1.18 mm、600 μm、300 μm、150 μm 各个筛上的筛余量(g)及相应的分计筛余百分率(%);

m_s——原试样质量,取 500 g。

(2)计算各个筛上的累计筛余百分率 A_n(%),即该号筛与该号筛以上各筛的分计筛余百分率之和(计算至 0.1%)。

(3)根据各个筛的累计筛余百分率,各筛筛余(包括筛底)的质量总和与原试样质量之差超过 1%时,试验须重做。

(4)按式(2-3)计算细度模数 M_x(精确至 0.01):

$$M_x = \frac{(A_2 + A_3 + A_4 + A_5 + A_6) - 5A_1}{100 - A_1} \tag{2-3}$$

式中 A_1、A_2、A_3、A_4、A_5、A_6——4.75 mm、2.36 mm、1.18 mm、600 μm、300 μm、150 μm 筛上的累计筛余百分率。

(5)累计筛余取两次试验结果的算术平均值,精确至1%。细度模数取两次试验结果的算术平均值作为试验结果,精确至0.1。如两次试验的细度模数之差超过0.20,须重新取样进行试验。

(6)将砂的细度模数、各累计筛余百分率与相应的规范对照,评定该细骨料的颗粒级配。

试验一　细骨料颗粒级配试验

一、试验目的

二、试验方法与步骤

三、试验要求

(1)称取烘干试样500 g,机摇10 min后,再手筛至每分钟通过量小于试样总量的0.1%。

(2)试验结果为两次平均值;筛余总和与原试样之差不大于1%。

四、试验记录

试验日期________________ 产地________________ 种类________________

	方孔筛(mm)	第一次筛分			第二次筛分			平均累计筛余
		筛余量(g)	分计筛余百分率(%)	累计筛余百分率(%)	筛余量(g)	分计筛余百分率(%)	累计筛余百分率(%)	
颗粒级配	9.50							
	4.75							
	2.36							
	1.18							
	0.6							
	0.3							
	0.15							
	筛底							
	合计							
	细度模数							

五、结果计算与评定

(1)分计筛余百分率、累计筛余百分率计算精确至0.1%。

(2)每号筛的筛余量与筛底的剩余量之和同原试样质量之差超过1%时,须重新试验。

(3)累计筛余百分率取两次试验结果的算术平均值,精确至1%。细度模数取两次试验的算术平均值,精确至0.1,如两次试验的细度模数之差超过0.20,须重新试验。

(4)结论:该砂为________砂;级配属________区。

六、回答问题

筛余量之和不等于500 g是由哪些因素造成的?筛余百分数的计算是按500 g,还是应该用实际的筛余量之和?

任务三 细骨料表观密度试验

细骨料表观密度是包括内部封闭孔隙在内的颗粒的单位体积质量,以 g/cm^3 或 kg/m^3 来表示。

一、试验目的

测定细骨料的表观密度,主要供混凝土配合比设计和评定砂料质量用。

二、主要仪器设备

（1）天平：称量 1 kg，感量 0.1 g。

（2）容量瓶：容量 500 mL。

（3）饱和面干试模及捣棒（见图 2-1）：金属制，上口直径 38 mm，下口直径 89 mm，高 73 mm，并附一捣棒，捣固端为平头，直径 25 mm，质量 340 g。

（4）电吹风机、烘箱、温度计、搪瓷盘、移液管、毛刷等。

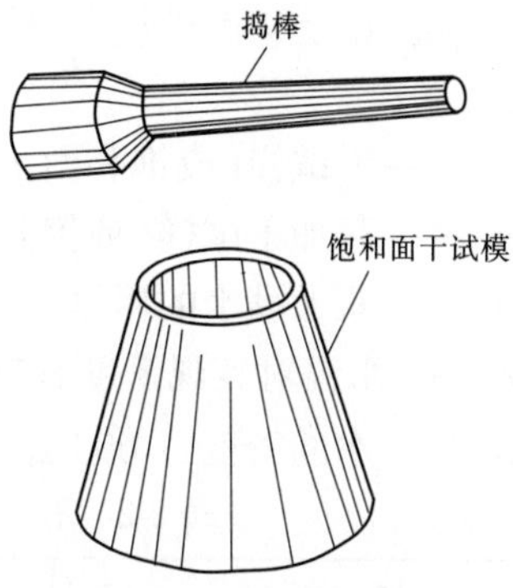

图 2-1　饱和面干试模及捣棒

三、试样制备

（1）干试样：将 600 g 左右的细骨料在（105±5）℃烘箱中烘至恒量，并在干燥器内冷却至室温。

（2）饱和面干试样：取 2 000 g 左右的细骨料，装入搪瓷盘中，注入清水，水面应高出试样 20 mm 左右，用玻璃棒轻轻搅拌，排出气泡。静置 24 h 后，将清水倒出，摊开砂样，用电吹风机缓缓吹出暖风，并不时搅拌，使细骨料表面的水分蒸发，直至达到饱和面干状态。

（3）饱和面干状态的判定方法：将砂样分两层装入饱和面干试模内（试模放在玻璃板上）。第一层装入试模高度的一半，一只手按住试模不得移动，另一只手用捣棒自试样表面高约 10 mm 处自由落下，均匀插捣 13 次；第二层装满试样，再插捣 13 次。然后刮平表面，轻轻将试模垂直提起。当试样呈现如图 2-2（b）所示的形状，即为饱和面干状态。如试样呈如图 2-2（a）所示的形状，说明尚有表面水分，应继续吹风干燥；如试样呈如图 2-2（c）所示的形状，说明试样已过分干燥，应喷水 5～10 mL，将试样充分拌匀，加盖后静置 30 min，再进行试验判定。

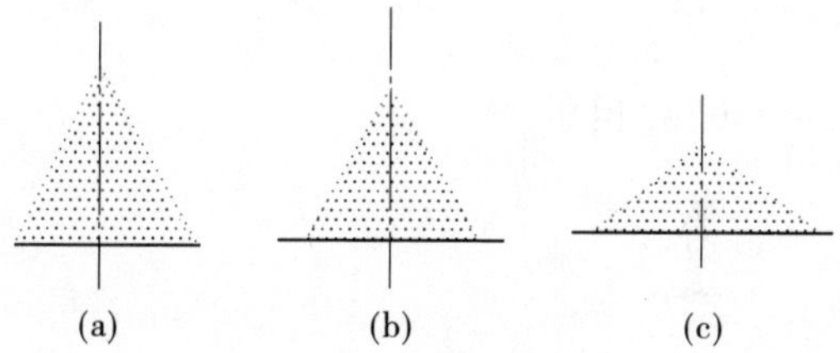

图 2-2　试样的坍落形状

四、试验步骤

（1）称取烘干试样（或饱和面干试样）两份，每份 300 g，精确至 0.1 g，记为 m_0。

（2）分别将试样装入盛水半满的两个容量瓶中，用手旋转摇动该瓶（手和瓶之间，应垫毛巾，防止传热），使试样充分搅动，排除气泡。对于干试样，应静置 24 h；对于饱和面干试样，静置 30 min。

（3）测量瓶中水的温度，然后用滴管加水至容量瓶颈 500 mL 刻度线处，塞紧瓶盖，擦干瓶外部的水，称出瓶加砂再加满水的质量 m_1，精确至 1 g。

（4）倒出瓶内的水和砂样，将瓶洗净，再注水至瓶颈刻度线处，擦干瓶外水分，塞紧瓶盖，称出瓶加满水的质量 m_2，精确至 1 g。

五、试验结果处理

(1)按式(2-4)计算砂的表观密度ρ_0(精确至10 kg/m³):

$$\rho_0 = \left(\frac{m_0}{m_0 + m_2 - m_1} - \alpha_t\right)\rho_{水} \tag{2-4}$$

式中 m_0——干试样(或饱和面干试样)质量,g;

m_1——瓶加干试样(或饱和面干试样)再加满水的质量,g;

m_2——瓶加满水的质量,g;

α_t——水温对表观密度影响的修正系数,见表2-2;

$\rho_{水}$——水的密度,1 000 kg/m³。

表2-2 不同水温对砂的表观密度影响的修正系数

水温(℃)	15	16	17	18	19	20	21	22	23	24	25
α_t	0.002	0.003	0.003	0.004	0.004	0.005	0.005	0.006	0.006	0.007	0.008

(2)以两次测值的算术平均值作为试验结果,精确至10 kg/m³。如两次测值之差超过20 g/cm³,应重新取样进行试验。

试验二 细骨料表观密度试验

一、试验目的

二、试验方法与步骤

三、试验要求

(1)称取干砂试样300 g各一份,精确至1 g。

(2)将试样装入盛水半满的容量瓶中,静置24 h。

四、试验记录

试验日期________________ 试样名称________________ 试样产地________________

次数	干砂样质量(g)	瓶+满水质量(g)	瓶+水+砂质量(g)	干燥状态下的表观密度(g/cm^3)	表观密度平均值(kg/m^3)
1					
2					

五、结果计算与评定

(1)砂的表观密度精确至 10 kg/m^3。

(2)取两次试验结果的算术平均值,精确至 10 kg/m^3,如两次试验结果之差大于 20 kg/m^3,须重新试验。

(3)结论:砂干燥状态下的表观密度为________ kg/m^3。

六、回答问题

1. 测定表观密度的原理是什么?

2. 测定砂的干表观密度、饱和面干表观密度的目的是什么?

任务四　细骨料吸水率试验

吸水率是测试试样在饱和面干状态时所含的水分,以质量百分率表示。通常以烘干试样质量为基准。

一、试验目的

测定细骨料的吸水率,主要供混凝土配合比设计和评定砂料质量用。

二、主要仪器设备

(1)天平:称量 1 kg,感量 0.1 g。

(2)容量瓶:容量 500 mL。

(3)饱和面干试模、电吹风机、烘箱、温度计、搪瓷盘、移液管、毛刷等。

三、试验步骤

(1)称取饱和面干试样两份,每份 500 g,分别进行试验。

(2)将试样放入已知质量为 m_1 的杯中,在温度为(105±5)℃的烘箱中烘干至恒重,并在干燥器内冷却至室温后,称取干样与烧杯的总质量 m_2,精确至 0.1 g。

四、试验结果处理

(1)吸水率 W 按式(2-5)或式(2-6)计算(精确至 0.01%):

$$W_1 = \frac{500 - (m_2 - m_1)}{m_2 - m_1} \times 100\% \tag{2-5}$$

式中 W_1——以干试样为基准的饱和面干吸水率(%);

m_1——烧杯的质量,g;

m_2——烘干的试样与烧杯的总质量,g。

$$W_2 = \frac{500 - (m_2 - m_1)}{500} \times 100\% \tag{2-6}$$

式中 W_2——以饱和面干试样为基准的饱和面干吸水率(%);

其他符号意义同式(2-5)。

(2)以两次试验结果的算术平均值作为测定值,精确至 0.1%,如两次结果之差值大于平均值的 3%,应重新取样进行试验。

试验三 细骨料吸水率试验

一、试验目的

二、试验方法与步骤

三、试验要求

称饱和面干砂样 500 g 两份,做试验。

四、试验记录

试验日期________________ 试样名称________________ 试样产地________________

次数	饱和面干砂质量（g）	烘干砂质量（g）	含水量（g）	吸水率	
				以干砂为基准（%）	以饱和面干砂为基准（%）
1					
2					
平均值					

五、结果计算与评定

(1)以两次试验平均值作为测定值，如两次试验结果之差值大于平均值的3%，应重新取样进行试验。

(2)该饱和面干砂吸水率为：

以干砂为基准________%；以饱和面干砂为基准________%。

六、回答问题

细骨料的吸水率大小反映了细骨料的什么性能？

任务五　细骨料含水率及表面含水率试验

一、试验目的

测定细骨料的总含水率及表面含水率，主要供混凝土配合比设计时修正用水量和用砂量。

二、试验仪器

(1)天平：称量1 000 g，感量0.1 g。

(2)容量瓶：1 000 mL。

(3)搪瓷盘、漏斗、温度计等。

(4)烘箱：能将温度控制在(105±5)℃。

三、试验步骤及试验结果处理

(一)含水率试验

1. 试验步骤

(1)称取湿砂样 500 g(m_1)两份。

(2)将砂样装入搪瓷盘中,放入(105±5)℃的烘箱内烘至恒重。冷却后称取砂样的质量 m_2。

2. 试验结果处理

细骨料的含水率 $W_{含}$ 按式(2-7)计算(精确至 0.1%):

$$W_{含} = \frac{m_1 - m_2}{m_2} \times 100\% \tag{2-7}$$

式中 m_1——湿砂样质量,g;

m_2——烘干后砂样的质量,g。

以两次试验结果的算术平均值作为测定值,精确至 0.1%;若两次试验结果之差大于 0.2%,应重新试验。

(二)表面含水率试验

1. 试验步骤

(1)称取湿砂样 400 g(m_1)两份。

(2)将砂样通过漏斗装入盛半瓶水的容量瓶内,然后用手旋转容量瓶底部,排除气泡,加水至容量瓶颈刻度处,静置片刻,测出瓶中水温,塞紧瓶盖,擦干容量瓶外水分,称出质量 m_2。

(3)倒出瓶中水和砂样,将瓶内外洗净,再向瓶内注水至容量瓶颈刻度线处,塞紧瓶盖,擦干瓶外水分,称其质量 m_3。

2. 试验结果处理

细骨料的表面含水率 $W_{表含}$ 按式(2-8)计算(精确至 0.1%):

$$W_{表含} = \frac{(\rho_s - \rho_w)\dfrac{m_1}{\rho_s} - (m_2 - m_3)}{m_2 - m_3} \times 100\% \tag{2-8}$$

式中 $W_{表含}$——砂的表面含水率(%);

ρ_s——砂样饱和面干表观密度,kg/m³;

ρ_w——水在试验温度下的密度,一般取 1 000 kg/m³;

m_1——湿砂样质量,g;

m_2——湿砂样、水及容量瓶总质量,g;

m_3——水及容量瓶总质量,g。

以两次试验结果的算术平均值作为测定值,若两次试验结果之差大于 0.5%,需重新试验。

试验四　细骨料的表面含水率试验

一、试验目的

二、试验方法与步骤

三、试验要求

取两份各重约 400 g 的湿试样进行试验(试验前应按细骨料表观密度的试验方法测出该砂样的饱和面干表观密度)。

四、试验记录

试验日期________________ 试样名称________________ 试样产地________________

次数	湿砂样质量 m_1(g)	湿砂样、水及容量瓶总质量 m_2 (g)	水及容量瓶总质量 m_3 (g)	表面含水率 (%)
1				
2				
平均值				

五、结果计算与评定

(1)以两次试验平均值作为测定值,如两次结果之差值大于 0.5%,应重新取样进行试验。

(2)结论:砂的表面含水率为________%。

六、回答问题

测量砂的含水率及表面含水率的目的是什么?

任务六 细骨料堆积密度和空隙率试验

一、试验目的

测定细骨料松散状态下的堆积密度,可供混凝土配合比设计用,也可用于估计运输工具的数量或存放堆场的面积等。根据细骨料的堆积密度和表观密度还可以计算其空隙率。

二、主要仪器设备

(1)天平:称量 10 kg,感量 1 g。

(2)容量筒(见图 2-3):金属制圆柱形,内径 108 mm,净高 109 mm,筒壁厚 2 mm,容积约为 1 L,筒底厚为 5 mm。

(3)标准漏斗(见图 2-3)或铝制料勺。

(4)烘箱:能使温度控制在(105±5)℃。

(5)直尺、浅盘等。

图 2-3 标准漏斗和容量筒

三、准备工作

(1)用浅盘装样品约 3 L,在温度为(105±5)℃的烘箱中烘干至恒重,取出并冷却至室温,筛除粒径大于 4.75 mm 的颗粒,分成大致相等的两份备用。试样烘干后如有结块,应在试验前先予捏碎。

(2)容量筒容积的校正:以温度为(20±2)℃的饮用水装满容量筒,用玻璃板沿筒口滑移,使其紧贴水面。擦干筒外壁水分,然后称量其质量。将总质量减去容量筒和玻璃的质量后除以水的密度即得容量筒的容积 V。

四、试验步骤

取试样一份,用漏斗或铝制料勺,将它徐徐装入容量筒(漏斗出料口或料勺距容量筒筒口不应超过 50 mm),直至试样装满并超出容量筒筒口。然后用直尺将多余的试样沿筒口中心线向两个相反方向刮平,称其质量。

五、试验结果处理

(1)堆积密度ρ_0'按式(2-9)计算(精确至10 kg/m^3):

$$\rho_0' = \frac{m_2 - m_1}{V} \times 100\% \tag{2-9}$$

式中　m_1——容量筒的质量,kg;

m_2——容量筒和砂的总质量,kg;

V——容量筒的容积,m^3。

(2)空隙率按式(2-10)计算(精确至1%):

$$P' = \left(1 - \frac{\rho_0'}{\rho'}\right) \times 100\% \tag{2-10}$$

式中　P'——空隙率(%);

ρ_0'——试样的堆积密度,kg/m^3;

ρ'——试样的表观密度,kg/m^3。

(3)堆积密度取两次试验结果的算术平均值,精确至10 kg/m^3;空隙率取两次试验结果的算术平均值,精确至1%。

试验五　细骨料堆积密度试验

一、试验目的

二、试验方法与步骤

三、试验要求

(1)漏满试样的容量筒严禁振动。

(2)容量筒容积为1 L。

(3)以两次试验的平均值作为最后结果。

四、试验记录

试验日期________________ 试样名称________________ 试样产地________________

次数	容量筒容积 $V(m^3)$	容量筒质量(kg)	筒+砂质量(kg)	砂样质量(kg)	堆积密度 ρ_0'(kg)	堆积密度平均值(kg/m^3)
1						
2						

五、结果计算与评定

(1)堆积密度的计算,精确至 10 kg/m^3。

(2)空隙率按式(2-10)计算,精确至 1%:$P'=\left(1-\dfrac{\rho_0'}{\rho'}\right)\times 100\%$。

(3)堆积密度取两次试验结果的算术平均值,精确至 10 kg/m^3。

(4)空隙率取两次试验结果的算术平均值,精确至 1%。

(5)结论:砂的堆积密度为________kg/m^3。

六、回答问题

在进行堆积密度测定时,为何要控制装料高度?

任务七　细骨料含泥量试验

一、试验目的

测定细骨料中的含泥量,作为评价细骨料质量的重要指标。通常采用标准法(淘洗法)。

二、主要仪器设备

(1)天平:称量 1 kg,感量 0.1 g。

(2)筛:孔径为 75 μm 及 1.18 mm 的方孔筛各一只。

(3)烘箱:能使温度控制在(105±5)℃。

(4)洗砂用的容器及烘干用的浅盘等:要求用容器冲洗试样时,保持试样不溅出(深度大于 250 mm)。

(5)搪瓷盘、毛刷等。

三、试样制备

将样品在潮湿状态下用四分法缩分至约 1 100 g,置于温度为(105±5)℃的烘箱中烘干至恒重,冷却至室温后,立即称取各为 500 g(m_0)的试样两份备用。

四、试验步骤

(1)取烘干的试样一份置于容器中,并注入饮用水,使水面高出砂面约 150 mm,充分拌混均匀后,浸泡 2 h,然后用手在水中淘洗试样,使尘屑、淤泥和黏土与砂粒分离,并使之悬浮或溶于水中。

(2)约 1 min 后,把浑水缓缓地倒入 1. 18 mm 及 75 μm 的套筛(1. 18 mm 筛放置上面)上,滤去小于 75 μm 的颗粒。试验前筛子的两面应先用水润湿,在整个试验过程中应注意避免砂粒丢失;再次加水于筒中,重复上述过程,直到筒内洗出的水清澈。

(3)用水冲洗留在筛上的细粒,并将 75 μm 筛放在水中(使水面略高出筛中砂粒的上表面)来回摇动,以充分洗除小于 75 μm 的颗粒。然后将两只筛上剩余的颗粒和筒中已经洗净的试样一并装入浅盘,置于温度为(105±5)℃的烘箱中烘干至恒重。取出来冷却至室温后,称试样的质量 m_1。

五、试验结果处理

(1)细骨料的含泥量 Q 按式(2-11)计算(精确至 0.1%):

$$Q = \frac{m_0 - m_1}{m_0} \times 100\% \tag{2-11}$$

式中　m_0——试验前的烘干试样质量,g;

m_1——试验后的烘干试样质量,g。

(2)以两个试样试验结果的算术平均值作为测定值。

试验六　细骨料含泥量试验

一、试验目的

二、试验方法与步骤

三、试验要求

(1)称取烘干后的试样 500 g 各两份备用。
(2)将试样放入容器,注入饮用水,水面高出砂 150 mm,浸泡 2 h。
(3)烘干至恒量后称重。

四、试验记录

试验日期________ 试样名称________ 试样产地________

次数	砂样质量 m_0(kg)	洗后砂样质量 m_1(kg)	含泥量 Q(%)	含泥量平均值 (%)
1				
2				

五、结果计算与评定

(1)含泥量的计算,精确至 0.1%。
(2)取两次试验结果的算术平均值。
(3)结论:砂的含泥量为______%。

六、回答问题

砂的含泥量对混凝土性能有什么影响?

项目三　粗骨料试验

混凝土粗骨料试验的目的是评定粗骨料的质量，同时为混凝土配合比设计提供资料。试验时应遵守《建设用卵石、碎石》(GB/T 14685—2022)及相关的行业检验标准。从工程应用的角度出发，对于粗骨料的检测不使用出厂的检验规程，而使用施工材料验收的行业规程。所以，检测方法除遵照国标外，还应参照《普通混凝土用砂、石质量及检验方法标准》(JGJ 52—2006)的规定进行。

任务一　粗骨料试验的一般规定

一、粗骨料的取样方法

(一)取样

粗骨料在料堆取样时，取样部位应均匀分布。取样前先将取样部位表层铲除，然后从不同部位抽取大致等量的石子15份(在料堆的顶部、中部和底部，各由均匀分布的5个不同部位取得)，组成一组样品。

(二)样品的缩分方法

粗骨料(石子)样品采用人工四分法缩分。将每组样品置于平板上，在自然状态下拌混均匀，并堆成锥体，然后沿互相垂直的两条直径把锥体分成大致相等的四份，取其对角的两份重新拌匀，再堆成锥体，重复上述过程，直至缩分后的材料量略多于进行试验所必需的量(砂、碎石或卵石的含水率、堆积密度、紧密密度检验所用的试样，不经缩分，拌匀后直接进行试验)。

二、一般要求

(1)试样烘至恒量：通常是指相邻两次称量间隔时间不小于3 h的情况下，前后两次称量之差小于该项试验所要求的称量精度。

(2)试验环境温度：骨料试验允许在20~25 ℃的室温下进行，水温与室温相同，称量过程中水的温差不得超过2 ℃。

任务二　粗骨料表观密度试验

粗骨料表观密度是其颗粒(包括内部封闭孔隙)的单位体积质量。粗骨料的表观密度可以反映骨料的坚实、耐久程度，因此是一项技术指标。同时，表观密度和吸水率还可供混凝土配合比设计使用。

一、试验目的

评定石子的质量,为混凝土配合比设计提供依据。

二、主要仪器设备

(1)液体静力天平:称量5 kg,感量5 g,其型号及尺寸应能允许在臂上悬挂盛试样的吊篮,并在水中称重。

(2)网篮:直径和高度均为150 mm,由孔径为1~2 mm的筛网或钻有2~3 mm孔洞的耐锈蚀金属板制成。

(3)盛水容器:有溢流孔。

(4)烘箱:能使温度控制在(105±5)℃。

(5)方孔筛:孔径为4.75 mm的筛一只。

三、试样制备

试验前,按相关规定取样,并缩分至略大于表3-1规定的数量,风干后将样品筛去4.75 mm以下的颗粒,将试样刷洗干净后分成两份备用。

表3-1　表观密度试验所需试样数量

最大粒径(mm)	<26.5	31.5	37.5	63.0	75.0
最少试样质量(kg)	2.0	3.0	4.0	6.0	6.0

四、试验步骤

(1)将试样浸水饱和后,装入广口瓶中,装试样时广口瓶应倾斜放置,然后注满饮用水,用玻璃片覆盖瓶口,以上下左右摇晃的方法排除气泡。

(2)气泡排尽后,向瓶内添加饮用水,直至水面凸出至瓶口边缘,然后用玻璃片沿瓶口迅速滑行,使其紧贴瓶口水面。擦干瓶外水分后,称取试样、水、瓶和玻璃片的总质量m_1,精确至1 g。

(3)将瓶中的试样倒入浅盘中,置于(105±5)℃的烘箱中烘干至恒重,取出放在带盖的容器中,冷却至室温后,称出试样的质量m_0,精确至1 g。

(4)将瓶洗净,重新注入饮用水,用玻璃片紧贴瓶口水面,擦干瓶外水分后,称出质量m_2,精确至1 g。

五、试验结果处理

(1)按式(3-1)计算石子的表观密度$\rho_{0干}$(精确至10 kg/m³):

$$\rho_{0干} = \left(\frac{m_0}{m_0 + m_2 - m_1} - \alpha_t\right)\rho_{水} \tag{3-1}$$

式中　m_0——试样的烘干质量,g;

m_1——试样、水、瓶和玻璃片的总质量,g;

m_2——水、瓶和玻璃片的总质量,g;

α_t——水温对表观密度影响的修正系数,见表 3-2;

$\rho_水$——水的密度,1 000 kg/m^3。

表 3-2 不同水温对碎石和卵石的表观密度影响的修正系数

水温(℃)	15	16	17	18	19	20	21	22	23	24	25
α_t	0.002	0.003	0.003	0.004	0.004	0.005	0.005	0.006	0.006	0.007	0.008

(2)表观密度应用两份试样分别测定,并以两次结果的算术平均值作为测定结果,如两次结果之差大于 0.2 g/cm^3,应重新取样试验;对颗粒材质不均匀的试样,如两次试验结果之差大于 0.2 g/cm^3,可取四次测定结果的算术平均值作为测定值。

试验一　粗骨料表观密度测定

一、试验目的

二、试验方法与步骤

三、试验要求

(1)按要求将试样浸泡 24 h 至饱和。
(2)测出试样、水、广口瓶和玻璃片的质量。
(3)测出水、广口瓶和玻璃片的质量。
(4)将试样放入烘箱至恒量,称出其烘干后的质量。

四、试验记录

石子种类＿＿＿＿＿＿＿＿ 试样状态＿＿＿＿＿＿＿＿ 产地＿＿＿＿＿＿＿＿

次数	试样、水、广口瓶和玻璃片的质量(g)	水、广口瓶和玻璃片的质量(g)	试样烘干质量(g)	干表观密度(kg/m^3)
1				
2				
表观密度平均值				

五、结果计算与评定

(1)以两次试验的平均值为结果,两次相差应小于20 kg/m^3。

(2)结论:试样的干表观密度为________ kg/m^3。

六、回答问题

表观密度试验为什么要规定不同粒径粗骨料的试样用量?

任务三　粗骨料吸水率试验

一、试验目的

测定粗骨料的吸水率,为混凝土配合比设计提供依据。

二、主要仪器设备

(1)天平:称量10 kg,感量1 g。

(2)烘箱:能使温度控制在(105±5)℃。

(3)方孔筛:孔径为4.75 mm的筛一只。

(4)温度计、容器如搪瓷盘等。

三、试样制备

按相关规定取样,并将试样缩分至略大于表3-3规定的数量,洗刷干净后分为大致相等的两份备用。

表3-3　吸水率试验所需试样数量

石子最大粒径(mm)	9.50	16.0	19.0	26.5	31.5	37.5	63.0	75.0
最少试样质量(kg)	2.0	2.0	4.0	4.0	4.0	6.0	6.0	8.0

四、试验步骤

试验步骤同粗骨料表观密度试验内容。

五、试验结果处理

(1)粗骨料吸水率按式(3-2)或式(3-3)计算(精确至0.1%):

$$W_1 = [(m_3 - m_1)/m_1] \times 100 \quad (3-2)$$

$$W_2 = [(m_3 - m_1)/m_3] \times 100 \quad (3\text{-}3)$$

式中 W_1——以干料为基准的吸水率(%)；

W_2——以饱和面干状态为基准的吸水率(%)；

m_1——烘干后试样的质量,g；

m_3——试样在饱和面干时的质量,g。

(2)以两次试验结果的算术平均值作为测定值。

试验二 粗骨料吸水率测定

一、试验目的

二、试验方法与步骤

三、试验要求

(1)在整个试验过程中,水温须保持在(20±5)℃。

(2)取饱和面干石子进行试验。

四、试验记录

产地__________ 种类__________ 试验日期__________

次数	饱和面干质量(g)	烘干质量(g)	吸水量(g)	吸水率(%)	
				以干样为基准	以饱和面干为基准
1					
2					
吸水率平均值					

五、结果计算与评定

(1)以两次试验结果的算术平均值作为测定值,计算精确至0.1%。
(2)结论:以干样为基准,石子吸水率为________%。
以饱和面干为基准,石子吸水率为________%。

六、回答问题

粗骨料吸水率试验的意义是什么?

任务四　粗骨料表面含水率试验

一、试验目的

测定粗骨料的含水率,主要供混凝土配合比设计和评定粗骨料质量用。

二、试验仪器

(1)天平:称量10 kg,感量1 g。
(2)毛巾、容器如浅盘等。

三、试验步骤

(1)试验前取潮湿试样约4.0 kg,分为大致相等的两份,分别放入浅盘中,用拧干的湿毛巾将试样表面浮水吸干至饱和面干状态。
(2)称取饱和面干试样的质量。

四、试验结果处理

(1)粗骨料的含水率$W_{含}$按式(3-4)计算(精确至0.1%):

$$W_{含} = [(m_1 - m_2)/m_2] \times 100\% \tag{3-4}$$

式中　m_1——湿试样的质量,g;
m_2——饱和面干试样的质量,g。

(2)以两次试验结果的算术平均值作为测定值,精确至0.1%。

试验三　粗骨料表面含水率测定

一、试验目的

二、试验方法与步骤

三、试验要求

(1)将称好的湿石子用拧干的湿毛巾擦至饱和面干状态,称出饱和面干试样的质量。
(2)以两次试验平均值作为结果。

四、试验记录

石子种类__________________ 试样状态__________________ 产地__________________

次数	湿试样质量(g)	饱和面干试样质量(g)	含水量(g)	表面含水率(%)	平均值(%)
1					
2					

五、结果计算与评定

(1)以两次试验结果的算术平均值作为测定值。
(2)结论:该石子的表面含水率为________%。

六、回答问题

试验中饱和面干试样的制备为什么要用拧干的湿毛巾?

任务五 粗骨料堆积密度试验

粗骨料的堆积密度有松散堆积密度和紧密堆积密度之分,它的大小是粗骨料级配优劣和空隙多少的重要标志,且是进行混凝土配合比设计的必要资料。此外,还可根据它计算粗骨料在松散状态下的质量和体积,或用以估计运输工具的数量及存放堆场面积等。

一、试验目的

测定粗骨料的堆积密度,作为混凝土配合比设计和一般使用的依据。

二、主要仪器设备

(1)振动台:频率(50±3)Hz,振幅(0.35±0.05)mm,最大荷载250 kg。

(2)天平:称量10 kg,感量10 g;称量50 kg或100 kg,感量50 g,各一台。

(3)容量筒:金属制,具有一定刚度,其规格见表3-4。

(4)拌和铁铲、平口铁锹等。

(5)其他:钢尺等。

表3-4 容量筒规格

碎石或卵石的最大粒径(mm)	容量筒容积(L)	容量筒规格(mm)		筒壁厚度(mm)
		内径	净高	
9.5、16.0、19.0、26.5	10	208	294	2
31.5、37.5	20	294	294	3
53.0、63.0、75.0	30	360	294	4

三、试样制备

试验前,按规定取具有代表性的气干试样或一定级配比例的气干石料,搅拌均匀,分为大致相等的两份备用。

四、试验步骤

(1)松散堆积密度:取试样一份,先用平口铁锹将试样从容量筒口中心上方50 mm处自由落入筒中,直至试样高出筒口,用钢尺沿筒口边缘刮去高出筒口的颗粒,用适当的颗粒填平凹处,使表面稍凸起部分和凹陷部分的体积大致相等,称取试样和容量筒共重m_2。

(2)紧密堆积密度:取试样一份,用平口铁锹将试样从容量筒口中心上方50 mm处自由落入筒中,放在振动台上振动2~3 min;或将容量筒置于坚实的平地上,在筒底垫放一根直径为25 mm的钢筋,将试样分三层在距容量筒上口5 cm高处装入筒中,每装完一层后,将筒按住,左右交替颠击地面各25次。在振实或颠实完毕后,再加试样直至超出筒口,按松散堆积密度的方法平整表面,称取试样和容量筒共重m_2。

五、试验结果处理

(1)松散或紧密堆积密度ρ_0'按式(3-5)计算(精确至10 kg/m^3):

$$\rho_0' = \frac{m_2 - m_1}{V} \times 1\ 000 \tag{3-5}$$

式中　m_1——容量筒的质量,kg;

m_2——容量筒和试样的总质量,kg;

V——容量筒的容积,m^3。

(2)以两次试验结果的算术平均值作为测定值,如两次测值相差超过20 kg/m^3,试验应重做。

(3)空隙率P'按式(3-6)计算(精确至1%):

$$P' = \left(1 - \frac{\rho_0'}{\rho'}\right) \times 100\% \tag{3-6}$$

式中　ρ_0'——试样的紧密堆积密度或松散堆积密度,kg/m^3;

ρ'——试样的表观密度,kg/m^3。

(4)容量筒容积的校正应以(20±5)℃的饮用水装满容量筒,用玻璃板沿筒口滑移,使其紧贴水面,擦干筒外壁水分后称重。用式(3-7)计算容量筒的容积V:

$$V = m_2' - m_1' \tag{3-7}$$

式中　m_1'——容量筒和玻璃板的质量,kg;

m_2'——容量筒、玻璃板和水的总质量,kg。

试验四　粗骨料松散堆积密度测定

一、试验目的

二、试验方法与步骤

三、试验要求

(1)用小铲将试样从容量筒口中心上方50 mm处高度自由落入。

(2)试验过程应防止触动容量筒。

四、试验记录

石子种类________ 石子规格________ 试验日期________

次数	容量筒的容积 $V(m^3)$	容量筒的质量 (kg)	试样+筒总质量(kg)	松散堆积密度 (kg/m^3)	平均值 (kg/m^3)
1					
2					

五、结果计算与评定

(1)堆积密度取两次试验结果的算术平均值,精确至 10 kg/m^3,如两次测值相差超过 20 kg/m^3,试验应重做。

(2)结论:该石子的松散堆积密度为________ kg/m^3。

六、回答问题

测出砂石的堆积密度有何意义?

任务六 粗骨料颗粒级配试验

粗骨料颗粒级配的选定,是保证混凝土质量的重要一环。

一、试验目的

通过筛分,测定粗骨料的颗粒级配,为混凝土配合比设计提供依据。

二、主要仪器设备

(1)方孔筛:孔径分别为 90 mm、75.0 mm、63.0 mm、53.0 mm、37.5 mm、31.5 mm、26.5 mm、19.0 mm、16.0 mm、9.5 mm、4.75 mm、2.36 mm 的方孔筛,以及筛的底盘和盖各一只,筛框内径均为 300 mm。

(2)天平:称量 10 kg,感量 1 g。

(3)铁锹、铁盘或其他容器等。

(4)摇筛机。

三、试样制备

试验前,用四分法选取风干试样,试样质量略重于表 3-5 的规定。

表 3-5　试样取样质量

最大公称粒径(mm)	9.5	16.0	19.0	26.5	31.5	37.5	63.0	75.0
试样质量不少于(kg)	1.9	3.2	3.8	5.0	6.3	7.5	12.6	16.0

四、试验步骤

(1)将试样按筛孔大小顺序过筛,当每号筛上筛余层的厚度大于试样的最大粒径值时,应将该号筛上的筛余分成两份,再次进行筛分,直至各筛每分钟的通过量不超过试样总量的 0.1%。

(2)称取各筛筛余的质量,精确至 1 g。将筛上的所有分计筛余量和筛底剩余的总和与筛分前测定的试样总量相比,其相差不得超过 1%,否则须重新试验。

五、试验结果处理

(1)由各筛上的筛余量除以试样总质量,计算得出该号筛的分计筛余百分率(精确至 0.1%)。

(2)每号筛计算得出的分计筛余百分率与大于该筛筛号各筛的分计筛余百分率相加,计算得出其累计筛余百分率(精确至 1%)。筛分后,如每号筛的筛余量与筛底的筛余量之和同原试样质量之差超过 1%,应重新试验。

(3)以两次测值的平均值作为试验结果。根据各筛的累计筛余百分率,评定该试样的颗粒级配。

试验五　粗骨料颗粒级配试验

一、试验目的

二、试验方法与步骤

三、试验要求

(1)当每号筛上筛余层的厚度大于试样的最大粒径值时,应将该号筛上的筛余分成两份,再次进行筛分,直至各筛每分钟的通过量不超过试样总量的0.1%。

(2)分计筛余质量之和与筛底剩余的质量总和与筛前试样总量相差不得超过1%。

四、试验记录

产地________________ 种类________________ 规格________________

筛孔(mm)	筛余量(g)	分计筛余百分率(%)	累计筛余百分率(%)
90			
75.0			
63.0			
53.0			
37.5			
31.5			
26.5			
19.0			
16.0			
9.50			
4.75			
2.36			
筛底			

五、结果计算与评定

(1)由各筛上的筛余量除以试样总质量,计算得出该号筛的分计筛余百分率(精确至0.1%)。

(2)每号筛计算得出的分计筛余百分率与大于该筛筛号各筛的分计筛余百分率相加,计算得出其累计筛余百分率(精确至1%)。

(3)根据各筛的累计筛余百分率,评定该试样的颗粒级配。

(4)结论:该碎石或卵石的颗粒级配________________。

六、回答问题

粗骨料的筛分如何确定筛分结果?

任务七　粗骨料含泥量的测定

一、试验目的

通过试验,测定粗骨料中的含泥量,用以评定粗骨料的质量。

二、仪器设备

(1)鼓风烘箱:能使温度控制在(105±5)℃。

(2)天平:称量 10 kg,感量 1 g。

(3)方孔筛:孔径为 75 μm 及 1.18 mm 的筛各一只。

(4)毛刷、铁铲和搪瓷盆等。

三、试验步骤

(1)按相关规定取样,并将试样缩分至略大于表 3-6 规定的数量,放在烘箱中于温度(105±5)℃下烘干至恒量,待冷却至室温后,分为大致相等的两份备用。

表 3-6　含泥量试验所需试样数量

最大粒径(mm)	9.5	16.0	19.0	26.5	31.5	37.5	63.0	75.0
最少试样量(kg)	2.0	2.0	6.0	6.0	10.0	10.0	20..0	20.0

(2)称取按表 3-6 规定数量的试样一份。将试样放入搪瓷盆中,注入清水,用手在水中淘洗颗粒,使小于 75 μm 的颗粒与较粗颗粒分离(注意勿将水溅出),然后将浑水缓缓倒入 1.18 mm 及 75 μm 的套筛上(1.18 mm 筛放在 75 μm 筛上面),滤去小于 75 μm 的颗粒。试验前筛子的两面应先用水润湿。在整个试验过程中应小心防止大于 75 μm 的颗粒流失。

(3)向容器中注入清水,重复上述操作,直至盆中的水目测清澈。

(4)用水冲洗剩余在筛上的细粒,并将 75 μm 筛放在水中(使水面略高出筛中石子颗粒的上表面)来回摇动,以充分洗掉小于 75 μm 的颗粒,然后将两只筛上筛余的颗粒和清洗容器中已经洗净的试样一并倒入搪瓷盆,并置于烘箱中,于温度(105±5)℃下烘干至恒量,待冷却至室温后,称出其质量。

四、结果计算与评定

(1)含泥量按式(3-8)计算,精确至 0.1%:

$$Q_a = \frac{m_0 - m_1}{m_0} \times 100\% \tag{3-8}$$

式中　Q_a——含泥量(%);

m_0——试验前烘干试样的质量,g;

m_1——试验后烘干试样的质量,g。

(2)含泥量取两次试验结果的算术平均值,精确至 0.1%。

试验六　粗骨料含泥量试验

一、试验目的

二、试验方法与步骤

三、试验要求

将试样放入搪瓷盆中,注入清水,用手在水中淘洗颗粒,在整个试验过程中应小心防止大于75 μm颗粒的流失。

四、试验记录

试验日期________ 试样名称________ 试样产地________

次数	石子试样质量(kg)	洗后石子试样质量(kg)	含泥量 Q_a(%)	含泥量平均值(%)
1				
2				

五、结果计算与评定

(1)含泥量的计算,精确至0.1%。

(2)取两次试验结果的算术平均值作为含泥量数值。

(3)结论:石子的含泥量为________%。

六、回答问题

粗骨料的含泥量试验中如何淘洗颗粒?

任务八　针、片状颗粒含量*

一、试验目的

通过试验，检测粗骨料中针、片状颗粒的含量，用以评价粗骨料的质量。

二、主要仪器设备

(1)针状规准仪与片状规准仪(见图3-1)。

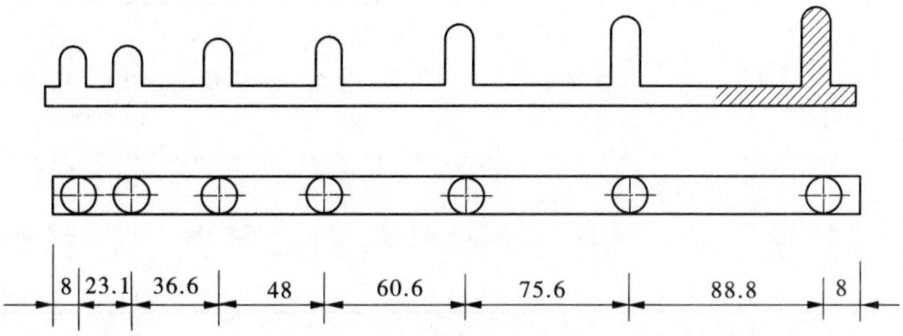

(a)针状规准仪

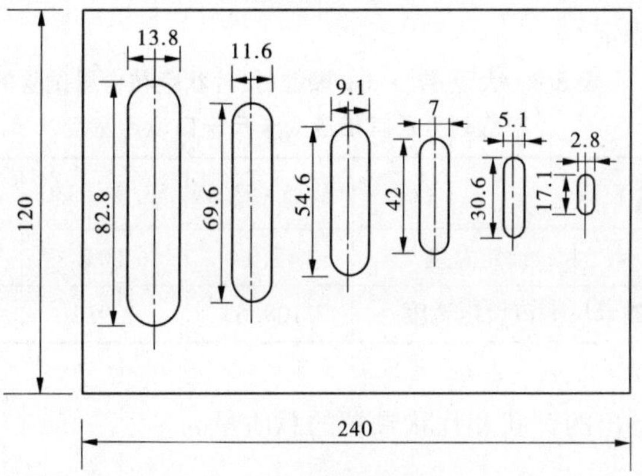

(b)片状规准仪

图3-1　针、片状规准仪　(单位:mm)

(2)天平:称量10 kg,感量1 g。

(3)孔径为4.75 mm、9.50 mm、16.0 mm、26.5 mm、31.5 mm、37.5 mm的筛各一个。

(4)卡尺、瓷盘和料斗等。

三、试验步骤

(1)按相关规定取风干试样，并将试样缩分至略大于表3-7规定的数量。

表 3-7 针、片状颗粒含量试验取样表

最大粒径(mm)	9.5	16.0	19.0	26.5	31.5	37.5	63.0	75.0
最少试样质量(kg)	0.3	1.0	2.0	3.0	5.0	10.0	10.0	10.0

(2)按表3-8规定的粒级用规准仪逐粒对试样进行鉴定。凡颗粒长度大于针状规准仪上相应间距者,为针状颗粒;凡颗粒厚度小于片状规准仪上相应孔宽者,为片状颗粒。

表 3-8 针、片状颗粒含量试验的粒级划分及其相应的规准仪孔宽或间距 (单位:mm)

粒级	4.75~9.50	9.50~16.0	16.0~19.0	19.0~26.5	26.5~31.5	31.5~37.5
片状规准仪相对应孔宽	3.0	5.2	7.2	9.0	11.3	14.3
针状规准仪相对应间距	18.0	*31.2	43.2	54.0	67.8	85.8

(3)对石子粒径大于37.5 mm的骨料可用卡尺检验针、片状颗粒,卡尺卡口的设定宽度应符合表3-9的规定。

表 3-9 大于37.5 mm颗粒针、片状颗粒含量试验的粒级划分及其相应的卡尺卡口设定宽度 (单位:mm)

石子粒级	37.5~53.0	53.0~63.0	63.0~75.0	75.0~90.0
检验片状颗粒的卡尺卡口设定宽度	18.1	23.2	27.6	33.0
检验针、片状颗粒的卡尺卡口设定宽度	108.6	139.2	165.6	198.0

(4)称各粒级挑出的针状和片状颗粒的总质量m_1。

四、试验结果处理

各级试样中针、片状颗粒含量按式(3-9)计算,精确至1%:

$$q_n = \frac{m_1}{m_0} \times 100\% \qquad (3\text{-}9)$$

式中 q_n——各级试样中针、片状颗粒含量(%);

m_0——各级试样的质量,g;

m_1——各级试样中所含针、片状颗粒的质量,g。

试验七 针、片状颗粒含量试验

一、试验目的

二、试验方法与步骤

三、试验要求

(1)按规定缩分风干试样,称取9.5~19.0 mm粒径石子试样2.0 kg。

(2)将试样划分粒级,分别为:9.5~16.0 mm,16.0~19.0 mm。

(3)用规准仪逐粒对试样进行鉴定,凡颗粒长度大于针状规准仪上相应间距者,为针状颗粒;凡颗粒厚度小于片状规准仪上相应孔宽者,为片状颗粒。

(4)称各粒级挑出的针状和片状颗粒的总质量。

四、试验记录

产地____________ 种类____________ 规格____________

试样质量 m_0(g)	
针、片状颗粒质量 m_1(g)	
针、片状颗粒含量(%)	

五、结果计算与评定

(1)针、片状颗粒含量计算精确至1%;

(2)结论:该石子针、片状颗粒含量为________%。

六、回答问题

如何使用针、片状规准仪?

任务九 压碎指标值

压碎指标值越小,表明粗骨料抵抗受压碎裂的能力越强。

一、试验目的

测定粗骨料压碎指标值,评定粗骨料的抗压强度。

二、仪器设备

(1)压力试验机:最大压力 300 kN。

(2)天平:称量 10 kg,感量 1 g。

(3)受压试模(压碎指标测定仪,见图 3-2)。

(4)方孔筛:孔径为 2.36 mm、9.50 mm 及 19.0 mm 的筛各一只。

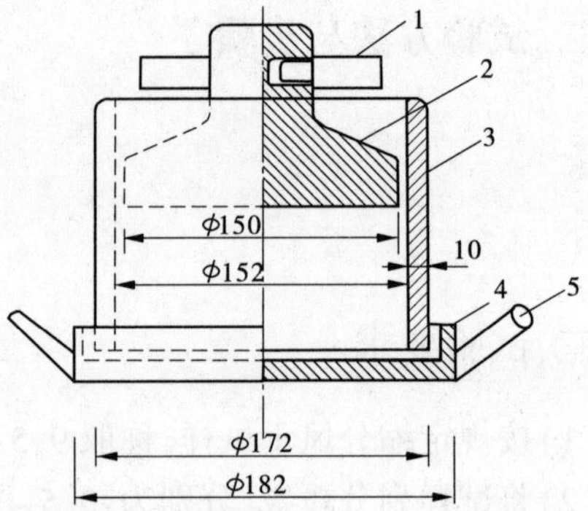

1—手把;2—加压头;3—圆模;4—底盘;5—把手

图 3-2 压碎指标测定仪 (单位:mm)

三、试验步骤

(1)按相应规定取样,风干后筛除大于 19.0 mm 及小于 9.50 mm 的颗粒,并去除针、片状颗粒,分为大致相等的三份备用。

(2)称取试样 3 000 g,精确至 1 g。将试样分两层装入圆模(置于底盘上)内,每装完一层试样后,在底盘下面垫放一直径为 10 mm 的圆钢,将筒按住,左右交替颠击地面各 25 次,两层颠实后,平整模内试样表面,盖上压头。

①当试样中粒径为 9.5~19.0 mm 的颗粒不足时,允许将粒径大于 19.0 mm 的颗粒破碎成粒径为 9.50~19.0 mm 的颗粒用作压碎指标值试验;

②当圆模装不下 3 000 g 试样时,以装至距圆模上口 10 mm 为准。

(3)把装有试样的模子置于压力机上,开动压力试验机,按 1 kN/s 速度均匀加荷至 200 kN,并稳荷 5 s,然后卸荷。取下加压头,倒出试样,用孔径 2.36 mm 的筛筛除被压碎的细粒,称出留在筛上的试样质量,精确至 1 g。

四、结果计算与评定

(1)压碎指标值按式(3-10)计算,精确至 0.1%:

$$\delta_e = \frac{m_0 - m_1}{m_0} \times 100\% \tag{3-10}$$

式中 δ_e——压碎指标值(%);

m_0——试样的质量,g;

m_1——压碎试验后筛余的试样质量,g。

(2)压碎指标值取三次试验结果的算术平均值,精确至 1%。

试验八　粗骨料压碎指标值试验

一、试验目的

二、试验方法与步骤

三、试验要求

(1)称取试样 3 000 g,按要求将试样分两层装入圆模内,盖上压头。
(2)在 3~5 min 内均匀加荷至 200 kN,然后卸荷。
(3)用孔径为 2.36 mm 的筛筛除被压碎的细粒,称出留在筛上的试样质量。

四、试验记录

产地________________　种类________________　规格________________

针、片状颗粒含量(%)	
试样质量 m_0(g)	
压碎试验后筛余的试样质量 m_1(g)	
压碎指标值 δ_e(%)	

五、结果计算与评定

(1)压碎指标值取三次试验结果的算术平均值。
(2)结论:该石子的压碎指标值为________%。

六、回答问题

做压碎指标试验时如何施加荷载?

项目四　普通混凝土试验

普通混凝土试验包括新拌混凝土试验和硬化混凝土的物理力学试验,混凝土拌和物的性能直接关系到施工工艺的选择及混凝土的施工质量,对硬化后混凝土的物理力学性能也有重大影响。本项目试验内容包括混凝土拌和物的和易性、表观密度、含气量、凝结时间试验以及水灰比分析等。对于硬化混凝土来说,混凝土的物理力学试验是确定混凝土配合比例、控制混凝土质量的重要手段,主要包括混凝土的力学性能、热学性质以及耐久性等试验。本项目主要介绍混凝土抗压强度、劈裂抗拉强度、静力抗压弹性模量、抗渗性、抗冻性等试验。这些内容已经满足了工程设计和施工的要求。

任务一　混凝土拌和物的拌制和取样

一、拌制混凝土拌和物的一般规定

(1)在混凝土实验室内拌和混凝土时,室内温度应保持在(20±5)℃,所拌制的混合物应避免阳光直射。混凝土拌和物的配制应符合《普通混凝土配合比设计规程》(JGJ 55—2011)的有关规定。

(2)拌和混凝土所用的各种材料的温度应与室温相同。

(3)使用材料应一次备齐,并翻拌均匀。

(4)拌和混凝土用的各种用具(搅拌机、钢板和铁铲等),应清洗干净并保持表面润湿。

(5)材料的用量以质量计,称量精度骨料为±1%,水、水泥、掺合料和外加剂均为±0.5%。

(6)砂石骨料用量以饱和面干状态为准(或以干燥状态为准)。

(7)混凝土拌和物的拌制从加水完毕时算起到开始进行各种拌和物性能试验不宜超过5 min。

二、拌制混凝土拌和物的方法

(一)人工拌和

人工拌和在钢板上进行,一般用于拌和数量较少的混凝土。

(1)将称好的砂、水泥按顺序倒在钢板上,用铁铲翻拌至颜色均匀,再放入称好的粗骨料与其拌和,至少翻拌3次,然后堆成锥形。

(2)在锥形体中间扒开一个凹坑,加入拌和用水(外加剂一般随水一同加入),小心拌和,至少翻拌6次。每翻拌1次后,应用铁铲将全部混凝土拌和物铲切一遍。拌和时间从加水完毕时算起,应在10 min内完成。

（二）机械拌和

机械拌和用混凝土搅拌机进行，一次拌和量不宜小于搅拌机容量的 20%。不宜大于搅拌机容量的 80%。

（1）拌和前，应先预拌少量同种混凝土拌和物（或与所拌混凝土水灰比相同的砂浆），使搅拌机内壁挂浆，将多余的拌和物倒在拌和钢板上，使钢板也沾有一层砂浆。

（2）将称好的粗骨料、水泥、砂和水，依次加入搅拌机内（外加剂一般随水一同加入），立即开动搅拌机，拌和 2~3 min。

（3）将拌好的混凝土拌和物倒在钢板上，刮出黏附在搅拌机上的拌和物，再用人工翻拌 2~3 次，使之均匀。

三、取样

（1）同一组混凝土拌和物的取样应从同一盘混凝土或同一车混凝土中取样，取样量应多于所需量的 1.5 倍，且不宜小于 20 L。

（2）混凝土拌和物的取样应具有代表性，宜采用多次采样的方法。一般在同一份或同一车混凝土中约 1/4 处、1/2 处和 3/4 处分别取样，从第一次取样到最后一次取样不宜超过 15 min，然后人工搅拌均匀。从取样完毕到开始做各项性能试验不宜超过 5 min。

任务二　混凝土拌和物坍落度试验

坍落度试验是以标准截圆锥形混凝土拌和物的坍陷值，来确定拌和物的流动性，并根据试验过程中的感触和观察，判定其黏聚性和保水性的好坏。这种方法适用于骨料最大粒径不超过 40 mm、坍落度值不小于 10 mm 的混凝土拌和物稠度的测定。

一、试验目的

通过试验，检验混凝土拌和物的坍落度，用以评定混凝土拌和物的和易性。

二、主要仪器设备

（1）坍落度筒：用 2~3 mm 厚的铁皮制成。筒内壁光滑，筒的上下面相互平行，并垂直于轴线。筒外壁上部焊有两只手柄，下部焊有两片踏脚板，见图 4-1。

（2）捣棒：直径 16 mm、长 600 mm，一端为弹头形的金属棒。

（3）300 mm 钢尺 2 把、40 mm 孔径筛、装料漏斗、镘刀、小铁铲和温度计等。

三、试验步骤

（1）按前述规定拌制混凝土拌和物，若骨料粒径超过 40 mm，应采用湿筛法剔除。

注：湿筛法是对刚拌和好的混凝土拌和物，按试验所规定的最大骨料粒径选用对应的孔径筛进行湿筛，筛除超过规定粒径的骨料，再用人工将筛下的混凝土拌和物翻拌均匀的方法。

（2）润湿坍落度筒的内壁及拌和钢板的表面，坍落度筒的内壁和底板上应无明水。将筒放在钢板上，用双脚踏紧踏脚板。

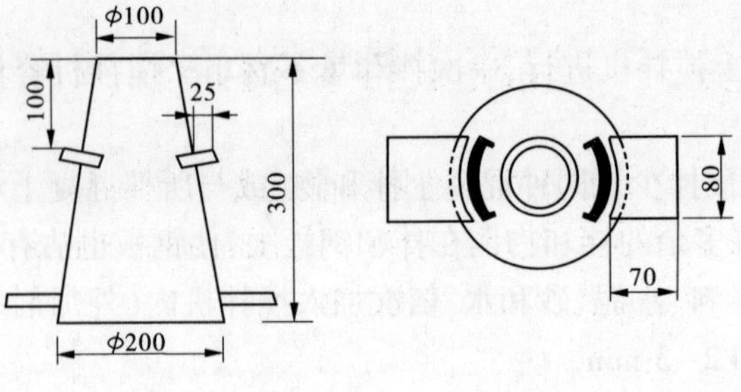

图4-1 坍落度筒 (单位:mm)

(3)将拌好的混凝土拌和物分3层装入筒内,每层体积大致相等或每层高度大致相等,底层厚约70 mm,中层厚约90 mm。装入的试样须均匀并具有代表性。每装一层,用振捣棒垂直插捣25次,插捣应在筒内全部面积上由边缘到中心、沿螺旋方向均匀进行(底层插捣到底,上一层应插到下一层表面以下10~20 mm)。

(4)顶层插捣完毕,取下装料漏斗,用镘刀将混凝土拌和物沿筒口抹平,并清除筒外周围混凝土。

(5)将坍落度筒徐徐垂直、平稳地提起,不得歪斜。当试样不再坍落时,用钢尺量出试样顶部中心点与坍落度筒高度之差,即坍落度值,精确至1 mm。

(6)整个坍落度试验应连续进行,并应在150 s内完成。

(7)若坍落度试样发生一边坍陷或剪坏,则该次试验作废,应另取一部分试样重做试验。

(8)测记试验时混凝土拌和物的温度。

四、试验结果处理

(1)混凝土拌和物的坍落度以mm计,取整数。

(2)在测量坍落度的同时,可目测评定混凝土拌和物的下列性质:

①棍度根据做坍落度试验时插捣混凝土的难易程度分为上、中、下三级。上,表示容易插捣;中,表示插捣时稍有阻滞感觉;下,表示很难插捣。

②用捣棒在做完坍落度试样一侧轻打,如试样保持原状而渐渐下沉,表示黏聚性较好;若试样突然倒塌、部分崩裂或发生石子离析现象,表示黏聚性不好。

③含砂情况根据镘刀抹平程度分多、中、少三级。多,用镘刀抹混凝土拌和物表面时,抹1~2次就可使混凝土表面平整无蜂窝;中,抹4~5次就可使混凝土表面平整无蜂窝;少,抹面困难,抹8~9次后混凝土表面仍不能消除蜂窝。

④析水情况根据水分从混凝土拌和物中的析出情况分多量、少量、无三级。多量,表示在插捣时及提起坍落度筒后有很多水分从底部析出;少量,表示在插捣时及提起坍落度筒后有少量水分析出;无,表示在插捣时及提起坍落度筒后没有明显的析水现象。

任务三　混凝土拌和物维勃稠度试验*

维勃稠度是指按标准方法成型的截头圆锥形混凝土拌和物，经振动至摊平状态时所需的时间(s)。维勃稠度值小者，流动性较好。本试验适用于测定骨料最大粒径不超过40 mm、维勃稠度为5~30 s的混凝土拌和物的稠度。

一、试验目的

通过试验，检验混凝土拌和物的维勃稠度，用以评定混凝土拌和物的工作性能。

二、主要仪器设备

维勃稠度测定仪（见图4-2）：由振动台［频率(50±3.3) Hz、空载振幅(0.5±0.1) mm］、容量筒、无踏脚板的坍落度筒、透明圆盘及旋转架、捣棒、秒表、镘刀和小铁铲等组成。

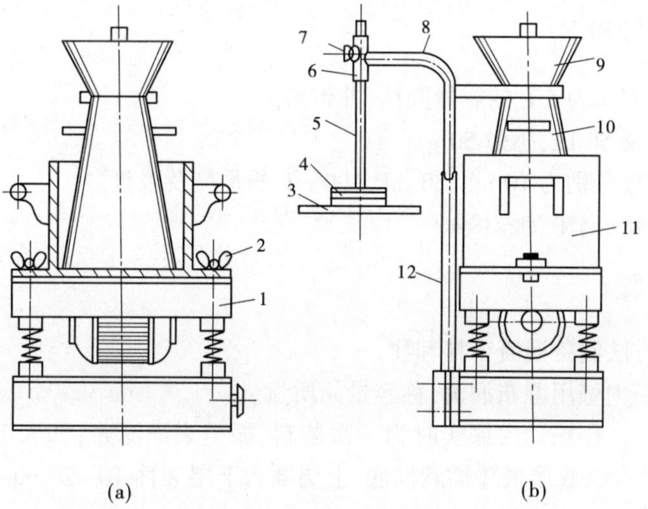

1—振动台；2—固定螺丝；3—圆盘；4—荷重；5—测杆；6—套筒；
7—测杆螺丝；8—旋转架；9—喂料斗；10—坍落度筒；11—容器；12—支柱

图4-2　混凝土拌和物维勃稠度测定仪

三、试验步骤及结果处理

(1)按规定方法制备试样，当骨料粒径大于40 mm时，用湿筛法剔除。

(2)润湿一切与混凝土拌和物接触的工具。

(3)将容量筒用螺母固定于振动台面上，把坍落度筒安放在容量筒内并对中。然后，把漏斗旋转到筒顶位置，并使它坐落在坍落度筒的顶上，拧紧螺丝，以保证坍落度筒不能离开容量筒底部。

(4)将拌好的混凝土拌和物分三层装入坍落度筒，装料及捣实方法与“坍落度试验”

相同。顶层插捣完毕后,松开螺丝,将漏斗旋转 90°,用镘刀刮平顶面。

(5)将坍落度筒小心缓慢地垂直提起,混凝土拌和物慢慢坍陷,把透明圆盘转到混凝土锥体上部,小心降下圆盘直至与混凝土的顶面接触,此时可从滑杆上的刻度读出坍落度数值。

(6)开动振动台,同时用秒表计时,当透明圆盘的整个底面都与水泥浆接触时(允许存在少量闭合气泡),立即卡停秒表,关闭振动台。

(7)记录秒表上的时间,精确至 1 s。

(8)由秒表读出的时间(s)即混凝土拌和物的维勃稠度值。

任务四　混凝土拌和物泌水试验*

一、试验目的

本试验用于测定混凝土拌和物的泌水量,用以评价拌和物的和易性。

二、主要仪器设备

(1)试样筒:容积为 5 L 的容量圆筒,并带盖。

(2)台秤:称量 50 kg,感量 50 g。

(3)量筒:容量分别为 10 mL、50 mL、100 mL 的量筒及吸管。

(4)钟表、铁铲、捣棒、镘刀等。

三、试验步骤

(1)按规定方法制备混凝土拌和物。

(2)将容量筒内壁用湿布润滑,称容量筒质量。

(3)装料捣实。用振动台振实时为一次装料,振至表面泛浆;如人工插捣,则分两层装料,每层插捣 25 次,底层捣棒插到筒底,上层插入下层表面 10~20 mm。然后用镘刀轻轻抹平。

(4)将筒口及外表面擦净,称容量筒及混凝土试样的质量,静置于无振动的地方,盖好筒盖并开始计时。

(5)前 60 min 每隔 20 min 用吸液管吸出泌水一次,以后每隔 30 min 吸水一次,直至连续 3 次无泌水。将吸出的水注于量筒中,读出每次吸出水量的累计值。

(6)每次吸取泌水前 2 min,应将筒底一侧垫高约 30 mm,使容量筒倾斜,以便吸出泌水,吸出泌水后仍将筒轻轻放平盖好。

四、试验结果处理

(1)泌水量按式(4-1)计算(精确至 0.01%):

$$B = \frac{V}{A} \tag{4-1}$$

式中 B——泌水量,mL/mm^2;

V——最后一次吸水后累计的泌水量,mL;

A——试样外露的表面面积,mm^2。

(2)以两个测值的平均值作为试验结果。

任务五 混凝土拌和物表观密度试验

混凝土拌和物的表观密度是混凝土的重要指标之一。拌制每立方米混凝土所需各种材料用量,需根据表观密度计算。当已知所用材料的密度时,还可由此推算出混凝土拌和物的含气量。

一、试验目的

测定混凝土拌和物捣实后的单位体积质量(即表观密度),以核实混凝土配合比计算中的材料用量。

二、主要仪器设备

(1)容量筒:金属制圆筒,筒壁应有足够的刚度,不易变形,且顶面平整,内壁光滑(规格同粗骨料堆积密度试验用筒)。

(2)台秤:称量 50 kg,感量 50 g。

(3)振动台、捣棒、厚玻璃板等。

三、准备工作

校正容量筒体积:方法参见“细骨料堆积密度试验”,精确至 0.01 L。

四、试验步骤

(1)用湿布把容量筒内外擦干净,称出筒的质量 m_1,精确至 50 g。

(2)混凝土的装料及捣实方法应根据拌和物的稠度而定。坍落度不大于 70 mm 的混凝土,用振动台振实为宜;坍落度大于 70 mm 的,用捣棒捣实为宜。

采用振动台振实时,应一次将混凝土拌和物灌到高出容量筒口。装料时可用捣棒稍加插捣,振动过程中如混凝土低于筒口,应随时添加混凝土,振动直至表面出浆。

采用捣棒捣实时,应根据容量筒的大小决定分层与插捣次数:用 5 L 容量筒时,混凝土拌和物应分两层装入,每层的插捣次数应为 25 次;用大于 5 L 的容量筒时,每层混凝土的高度不应大于 100 mm,每层插捣次数应按每 10 000 mm^2 截面不小于 12 次计算。各次插捣应由边缘向中心均匀地插捣,插捣底层时捣棒应贯穿整个深度,插捣第二层时,捣棒应插透本层至下一层的表面;每一层捣完后用橡皮锤轻轻沿容器外壁敲打 5~10 次,进行振实,直至拌和物表面插捣孔消失,并不见大气泡。

(3)沿筒口刮除多余的拌和物,抹平表面,将容量筒外部擦净,称出混凝土与容量筒的总质量 m_0。

五、试验结果处理

(1)按式(4-2)计算混凝土拌和物的表观密度ρ_{0h}(精确至10 kg/m³):

$$\rho_{0h} = \frac{m_0 - m_1}{V} \times 1\,000 \tag{4-2}$$

式中　m_1——容量筒的质量,kg;

m_0——容量筒加混凝土拌和物的总质量,kg;

V——容量筒的容积,m³。

(2)可按式(4-3)推算混凝土拌和物的含气量A(%):

$$A = \frac{\rho_0 - \rho_{0h}}{\rho_0} \times 100\% \tag{4-3}$$

$$\rho_0 = \frac{C + P + S + G + W}{C/\rho_c + P/\rho_p + S/\rho_s + G/\rho_g + W/\rho_w} \tag{4-4}$$

式中　ρ_{0h}——混凝土拌和物的表观密度,kg/m³;

ρ_0——混凝土拌和物的理论表观密度,kg/m³;

W、P、C、S、G——拌和物中水、掺合料、水泥、砂、石子的质量,kg;

ρ_w、ρ_p、ρ_c、ρ_s、ρ_g——水、掺合料和水泥的密度以及砂、石子的表观密度,kg/m³。

试验一　混凝土坍落度及表观密度试验

一、试验目的

二、试验方法与步骤

三、试验要求

(1)整个坍落度试验应连续进行,并应在150 s内完成。

(2)坍落度值精确至 1 mm。

四、试验记录

水泥品种、强度等级____________________________ 混凝土设计等级________________

施工稠度________________ 拌和方法________________ 试验日期________________

和易性调整

次数	材料用料量($0.015\ m^3$)					坍落度(mm)	棍度	黏聚性	含砂情况	析水情况
	水(kg)	水泥(kg)	砂(kg)	石(kg)	外加剂					
1										
2										
3										

混凝土拌和物表观密度测定

编号	容量筒质量(kg)	容量筒体积 $V(m^3)$	混凝土+容量筒质量(kg)	混凝土拌和物质量(kg)	表观密度(kg/m^3)
1					
2					
3					

五、结果评定

结论:该混凝土和易性________;其表观密度为________ kg/m^3。

六、回答问题

塑性混凝土拌和物和易性测定时,何种情况下可以判定拌和物砂率偏小?何种情况下可以判定拌和物保水性较差?何种情况下可以判定拌和物黏聚性较差,甚至不合格?

任务六　混凝土试件成型与养护方法的一般规定

一、主要仪器设备

(1)试模:试模最小边长应不小于最大骨料粒径的3倍。试模拼装应牢固,不漏浆,振捣时不得变形。尺寸精度要求:边长误差不得超过1/50,角度误差不得超过0.5°,平整度误差不得超过边长的0.05%。

(2)振动台:频率(50±3)Hz,空载时台面中心振幅(0.5±0.1)mm。

(3)捣棒:直径为25 mm,长600 mm,一端为弹头形的金属棒。

(4)养护室:标准养护室温度应控制在20 ℃;相对湿度95%以上。在没有标准养护室时,试件可在20 ℃的饱和石灰水中养护,但应在报告中注明。

二、试验步骤

(1)制作试件前应将试模清擦干净,并在其内壁上均匀地刷一薄层矿物油或其他脱模剂。

(2)按规定方法拌制混凝土拌和物。如混凝土拌和物骨料最大粒径超过试模最小边长的1/3时,大骨料用湿筛法筛除。

(3)试件的成型方法应根据混凝土拌和物的坍落度而定。混凝土拌和物坍落度小于70 mm时宜采用振动台振实,混凝土拌和物坍落度大于70 mm时宜采用捣棒人工捣实。采用振动台成型时,应将混凝土拌和物一次装入试模,装料时应用抹刀沿试模内壁略加插捣,并使混凝土拌和物高出试模上口,振动应持续到混凝土表面出浆(振动时间一般为30 s左右)。采用捣棒人工插捣时,混凝土拌和物应分两层装模,每层装料厚度大致相等,插捣应按螺旋方向从边缘向中心均匀进行,插捣底层时,捣棒应达到试模底面;插捣上层时,捣棒应穿至下层20~30 mm;插捣时捣棒应保持垂直,同时应用抹刀沿试模内壁插入数次。每层的插捣次数一般每100 cm^2不少于12次(以插捣密实为准)。成型方法需在试验报告中注明。

(4)试件成型后,在混凝土初凝前需进行抹面,要求沿模口抹平。

(5)根据试验目的不同,试件可采用标准养护或与构件同条件养护。确定混凝土强度等级或进行材料性能研究时应采用标准养护。在施工过程中作为检测混凝土构件实际强度的试件(如决定构件的拆模、起吊、施加预应力等),应采用与构件同条件养护。

(6)采用标准养护的试件,成型后的带模试件宜用湿布或塑料薄膜覆盖,以防止水分蒸发,并在(20±5)℃的室内静置1昼夜至2昼夜,然后拆模并编号。拆模后的试件应立即放入标准养护室中养护。在标准养护室内试件应放在架上,彼此间隔10~20 mm,并应避免水直接冲淋试件。

(7)采用同条件养护的试件,成型后应覆盖表面。试件的拆模时间可与实际构件的拆模时间相同。拆模后试件仍须同条件养护。

任务七 混凝土立方体抗压强度试验

一、试验目的

通过试验,测定混凝土立方体抗压强度,并作为评定混凝土质量的主要依据。

二、主要仪器设备

(1)压力试验机或万能试验机:试件的预计破坏荷载宜在试验机全量程的 20%~80%。试验机应定期校正,示值误差不应超出标准值的±1%。

(2)钢制垫板:尺寸应比试件承压面稍大,平整度误差不大于边长的 0.02%。

(3)试模:其尺寸随骨料的最大粒径而定,当使用边长为 100 mm 的立方体试模时,抗压强度的换算系数为 0.95;当使用边长为 200 mm 的立方体试模时,抗压强度的换算系数为 1.05。

三、试验步骤

(1)试件从养护地点取出后应及时进行试验,将试件表面与上下承压板面擦干净。

(2)将试件安放在试验机的下压板或垫板上,试件的承压面应与成型时的顶面垂直。试件的中心应与试验机下压板中心对准。开动试验机,当上压板与试件或钢垫板接近时,调整球座,使其接触均衡。

(3)在试验过程中应连续均匀地加荷,当混凝土强度等级<C30 时,加荷速度取 0.3~0.5 MPa/s;当混凝土强度等级≥C30 且<C60 时,取 0.5~0.8 MPa/s;当混凝土强度等级≥C60 时,取 0.8~1.0 MPa/s。

(4)当试件接近破坏开始急剧变形时,应停止调整试验机油门,直至破坏。然后记录破坏荷载。

四、试验结果处理

(1)混凝土的立方体抗压强度 f_{cu} 按式(4-5)计算(精确至 0.1 MPa):

$$f_{cu}=\frac{P}{A} \tag{4-5}$$

式中 P——破坏荷载,N;

A——试件承压面面积,mm^2。

(2)以三个试件测值的算术平均值作为该组试件的抗压强度值。

(3)三个测值中单个测值与中间值允许差值为±15%,超过时取中间值作为试验结果。如一组中可用的测值少于两个时,该组试验应重做。

试验二　混凝土立方体抗压强度试验

一、试验目的

二、试验方法与步骤

三、试验要求

(1)试件尺寸测量精确至 1 mm,并据此计算试件的承压面面积 A。

(2)把试件安放在试验机下压板中心,试件的承压面与成型时的顶面垂直。

四、试验记录

试验编号	成型日期	试验日期	试件编号	设计强度等级	龄期(d)	试件尺寸(mm×mm×mm)	换算系数	破坏荷载(kN) 强度(MPa)	代表值(MPa)	占设计强度百分率(%)
1										
2										
3										

五、结果计算与评定

(1)混凝土立方体抗压强度计算应精确至 0.1 MPa。

（2）以三个试件测值的算术平均值作为该组试件的抗压强度值。三个测值中单个测值与中间值允许差值为±15%，超过时取中间值作为试验结果。如一组中可用的测值少于两个，则该组试验应重做。

（3）结论：该混凝土强度________混凝土设计要求。

六、回答问题

（1）做混凝土抗压强度试验时，为何要控制加荷速度？

（2）万能试验机上、下压板是否涂油对混凝土试件破坏形态有何影响？

任务八 混凝土劈裂抗拉强度试验*

混凝土在直接受拉时，很小的变形就会开裂，且断裂时没有残余变形，属典型的脆性材料，其值一般仅为抗压强度的1/20~1/10。由于抗拉强度对于防止开裂具有重要的意义，因此混凝土劈裂抗拉强度是确定混凝土抗裂度指标的重要依据。

一、试验目的

测定混凝土劈裂抗拉强度值，为评定混凝土抗裂能力提供依据。

二、主要仪器设备

（1）采用边长为150 mm的立方体标准试模，制作标准试件所用混凝土骨料的最大粒径不应大于40 mm。

（2）压力试验机：与上述抗压试验要求相同。

（3）垫条：截面5 mm×5 mm，长约200 mm的钢制方垫条，要求平直。

三、试验步骤

（1）试件从养护地点取出后应及时进行试验，将试件表面与上下承压板面擦干净。

（2）将试件放在试验机下压板的中心位置，劈裂承压面和劈裂面应与试件成型时的顶面垂直；在上、下压板与试件之间垫以圆弧形垫块及垫条各一条，垫块与垫条应与试件上、下面的中心线对准并与成型时的顶面垂直。宜把垫条及试件安装在定位架上使用（见图4-3）。

（3）开动试验机，当上压板与圆弧形垫块接近时，调整球座，使其接触均衡。加荷应连续均匀,当混凝土强度等级<C30时,加荷速度取0.02~0.05 MPa/s;当混凝土强度等级≥C30且<C60时,加荷速度取0.05~0.08 MPa/s;当混凝土强度等级≥C60时,加荷速度取0.08~0.10 MPa/s。

(4)以0.04~0.06 MPa/s的速度连续而均匀地加载,当试件接近破坏时,停止调整油门,直至试件破坏,记录破坏荷载。

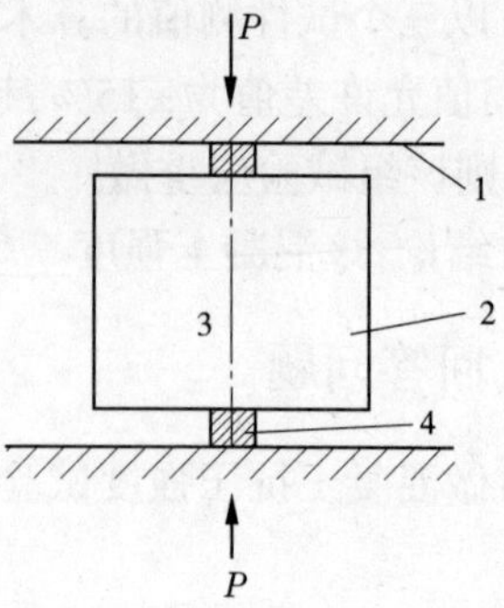

1—压板;2—试件;
3—成型时抹面;4—垫条

图4-3 劈裂抗拉试验受力示意图

四、试验结果处理

(1)混凝土劈裂抗拉强度 f_{ts} 按式(4-6)计算(精确至0.01 MPa):

$$f_{ts}=\frac{2P}{\pi A}=\frac{0.637P}{A} \qquad (4\text{-}6)$$

式中 f_{ts}——混凝土劈裂抗拉强度,MPa;

P——破坏荷载,N;

A——试件劈裂面面积,mm^2。

(2)以3个试件测值的算术平均值作为该组试件的劈裂抗拉强度值,取舍方法同混凝土立方体抗压强度试验结果处理中的有关规定。

任务九 混凝土抗渗性能试验*

混凝土的抗渗性是指混凝土抵抗压力水渗透的能力。

一、试验目的

通过抗渗试验,以确定混凝土的抗渗等级是否满足设计要求。

二、主要仪器设备

(1)混凝土抗渗仪:应能使水压按规定稳定地作用在试件的装置上(见图4-4)。

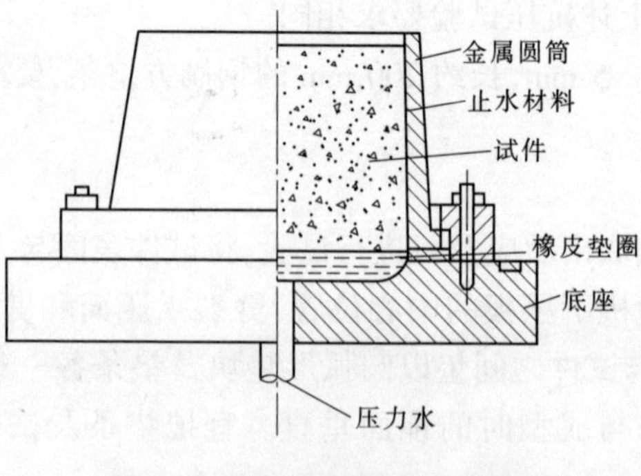

图4-4 混凝土抗渗试验示意图

(2)试模:抗渗性能试验应采用顶面直径为 175 mm、底面直径为 185 mm、高度为 150 mm 的圆锥体。

(3)密封材料:如石蜡加松香、水泥加黄油等。

(4)螺旋加密器、烘箱、电炉、瓷盘、钢丝刷等。

三、试验步骤

(1)抗渗试件以 6 个为一组。试件成型后 24 h 拆模,用钢丝刷刷去两端面水泥浆膜,然后送入标准养护室养护。

(2)试件一般养护至 28 d 龄期进行试验,如有特殊要求,可在其他龄期进行。

(3)试件养护至试验前一天取出,将表面晾干,然后进行试件密封。用石蜡密封时,在试件侧面滚涂一层熔化的石蜡(内加少量松香),用螺旋加压器将试件压入经过烘箱或电炉预热过的试模中(试模预热温度,以石蜡接触试模即缓慢熔化,但不流淌为宜),使试件与试模底齐平。试模变冷后才可解除压力。

(4)用水泥加黄油密封时,其用量比为(2.5~3):1。试件表面晾干后,用三角刀将密封材料均匀地刮涂在试件侧面上,厚 1~2 mm。套上试模压入,使试件与试模底齐平。

(5)启动抗渗仪,开通 6 个试位下的阀门,使水从 6 孔中渗出,充满试位坑。关闭抗渗仪,将密封好的试件安装在抗渗仪上。

(6)试验从水压为 0.1 MPa 开始,以后每隔 8 h 增加水压 0.1 MPa,并且要随时注意观察试件端面的渗水情况。

(7)当 6 个试件中有 3 个试件端面呈现渗水现象时,或加至规定压力(设计抗渗等级)在 8 h 内 6 个试件中表面渗水试件少于 3 个时,即可停止试验,记下当时的水压。

应该注意的是,在试验过程中,如发现水从试件周边渗出,表明密封不好,应重新按要求进行密封。

四、试验结果处理

混凝土的抗渗等级以每组 6 个试件中 4 个试件未出现渗水时的最大水压力计算,其计算式为

$$W = 10H - 1 \tag{4-7}$$

式中　W——混凝土抗渗等级;

H——6 个试件中 2 个渗水时的水压力,MPa。

若压力加至规定数值,在 8 h 内,6 个试件中表面渗水的试件少于 2 个,则试件的抗渗等级大于规定值。

任务十　混凝土抗冻性试验*

混凝土的抗冻性是以混凝土试件在一定试验条件下能经受的冻融循环次数为指标,来反映混凝土抵抗冰冻破坏的能力。它是反映混凝土耐久性的重要指标之一。本试验主要是以快冻法为例。

一、试验目的

通过抗冻性试验可以评定混凝土的抗冻等级是否满足设计要求。

二、一次冻融循环技术参数包括的内容

(1)循环历时:2.5~4.0 h。

(2)降温历时:1.5~2.5 h。

(3)升温历时:1.0~1.5 h。

(4)降温和升温终了时,试件中心温度应分别控制在(-17±2)℃和(8±2)℃。

(5)试件中心和表面的温差小于28 ℃。

三、主要仪器设备

(1)冷冻设备应满足以下指标:

①试件中心温度(-18±2)℃~(5±2)℃。

②冻融液温度-25~20 ℃。

③冻融循环一次历时不超过4 h(融化时间不少于整个冻融历时的25%)。

(2)测温设备:当采用热电偶测量冻融过程中试件中心温度变化时,精度应能达到0.3 ℃;当采用其他测温器时,应以热电偶测温法为准,进行率定。

(3)动弹性模量测定仪:频率为100~10 Hz。

(4)台秤:称量20 kg,感量5 g。

(5)试模:采用尺寸为100 mm×100 mm×400 mm的棱柱体试件。

(6)试件盒:内表面底部有半径为3 mm的橡胶突起部分,尺寸为115 mm×115 mm×500 mm。

四、试验步骤

(1)如无特殊规定,试件制作与抗压试件相同,试验以三个试件为一组。试验龄期如无特殊要求一般为28 d,冻融试验前四天应把试件从养护地点取出,在(20±2)℃的水中浸泡。

(2)浸泡完毕后,取出试件,用湿布擦除表面水分,称出质量,并用动弹性模量测定仪按规定测定其初始自振频率,作为评定抗冻性的起始值。同时做必要的外观描述或照相。

(3)将试件放入试件盒内,为了使试件受温均衡,并消除试件周围因水分结冰引起的附加压力,试件的侧面与底部应垫放橡胶板,在整个试验过程中,盒内水位高度应始终保持高出试件顶面20 mm左右。

(4)试件一般应每隔25次冻融循环做一次检测,也可以根据抗冻性的高低来确定检测的时间和次数。测试时,小心将试件从盒中取出,冲洗干净,擦去表面水分,称量和测定自振频率,并做必要的外观描述或照相。每次测试完毕后,应将试件调头重新装入试件盒,注入淡水,继续试验。在测试中,应防止试件失水,待测试件需用湿布覆盖。

(5)当有试件中止试验取出后,应另用试件填充空位,如无正式试件,可用废试件填

充。试验因故中断,应将试件在受冻状态下保存。

(6)冻融试验出现以下三种情况之一即可停止试验:

①冻融至预定的循环次数;

②相对动弹性模量下降到初始值的60%;

③质量损失率达5%。

五、试验结果处理

(1)混凝土试件的相对动弹性模量可按式(4-8)计算:

$$E_n = \frac{f_n^2}{f_0^2} \times 100\% \tag{4-8}$$

式中　E_n——经 n 次冻融循环后试件的相对动弹性模量,以3个试件的平均值计算(%);

f_n——经 n 次冻融循环后试件的自振频率,Hz;

f_0——冻融循环试验前测得的试件自振频率,Hz。

(2)混凝土试件冻融后的质量损失率应按式(4-9)计算:

$$W_n = \frac{m_0 - m_n}{m_0} \times 100\% \tag{4-9}$$

式中　W_n——经 n 次冻融循环后试件的质量损失率,以3个试件的平均值计算(%);

m_0——冻融循环试验前的试件质量,g;

m_n——经 n 次冻融循环后的试件质量,g。

(3)试验结果评定应符合以下要求:

①相对动弹性模量下降至初始值的60%或质量损失率达5%时,即可认定试件已达破坏,并以相应的冻融循环次数作为该混凝土的抗冻等级(以F表示)。

②若冻融至预定的循环次数,而相对动弹性模量或质量损失率均未达到上述指标,可认为试验的混凝土抗冻性已满足设计要求。

任务十一　混凝土强度的非破损试验简介*

混凝土的非破损试验又称无损检验。其目的是在不破坏混凝土试件的前提下,可以直接而快速地测定混凝土强度,或检查混凝土内部缺陷的位置和大小、钢筋位置是否准确,判断混凝土结构物遭受破坏的程度等,并可对同一试件进行多次反复试验。这些优点是破损试验方法无法比拟的,因此无损检测越来越受到普遍重视和应用。无损检测方法是高新技术在混凝土检测方面的应用,涉及的学科比较广,从使用的立场出发,本任务仅仅介绍混凝土测强的有关知识。国内以检验混凝土强度为目的常用的无损检验方法有回弹法、超声波法、超声-回弹综合法等,另外还有钻芯取样法、钢筋拔出法等对结构会产生微小损害,所以把它们称作微破损法,从不严格意义上讲,有时也把它们列入混凝土无损检测的范围中。

一、回弹法

回弹法是利用回弹仪测试混凝土强度的一种方法。常用的中型回弹仪是一种重锤直撞式仪器,如图4-5所示,国际上的通用名称叫施密特回弹仪。各国对回弹仪的技术标准不尽相同,我国从20世纪80年代初就对回弹仪的部件尺寸及物理性能加以规范化,从而提高了回弹法的检测精度和实用价值。

回弹法检测混凝土的方法在广义上属于表面硬度法的一种,其原理是以一定冲击动能撞击混凝土表面后,以检测回弹能量的大小来测试混凝土的表面硬度,而混凝土表面硬度与抗压强度间存在相关关系。混凝土强度愈低,表面硬度愈低,塑性变形愈大,吸收冲击动能愈多,回弹能量愈小。所以,可采用试验方法,建立回弹值与混凝土强度间的相关曲线或公式。

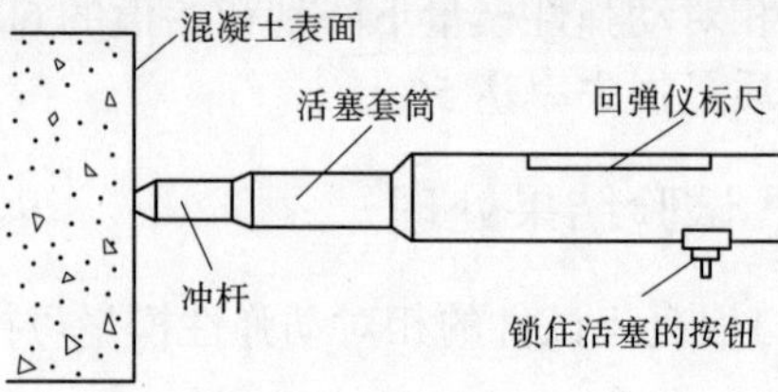

图4-5 混凝土回弹仪工作示意图

根据所建立的相关曲线(或公式),按所测回弹值来反推混凝土的强度。

根据《回弹法检测混凝土抗压强度技术规程》(JGJ/T 23—2011),回弹法的主要试验步骤包括回弹仪的率定、结构(或构件)测区的划分、测面平整处理、测点的布置、回弹值及碳化深度测量等。

在使用回弹法检测混凝土结构强度时,回弹仪的标准化和率定、定期检测是保证检测精度的最重要环节之一。仪器制造厂生产的回弹仪,必须确保仪器的质量标准,因此每台出厂的回弹仪,应有产品合格证。

回弹仪的标准状态是统一仪器性能的基础,是使回弹法广泛用于现场的关键所在,只有采用质量统一、性能一致的回弹仪,才能保证测试结果的可靠性,并能在同一水平上进行比较。

所谓的标准状态,就是指回弹仪在工作时应达到的具体指标,也就是回弹仪质量合格的主要指标。

回弹仪在工作时标准状态可归纳为三项:

(1)当回弹仪水平弹击时,弹击锤脱钩瞬间,回弹仪的标称动能E,即弹击拉簧恢复原始状态所做的功为

$$E = 0.5CL^2 \tag{4-10}$$

式中 C——弹击拉簧的刚度系数,取784.532 N/m;

L——弹击拉簧的拉伸长度,取75 mm。

由此可见,弹簧的刚度系数和拉伸长度直接影响回弹仪的标称动能。

(2)弹击锤与弹击杆碰撞的瞬间,弹击拉簧应处于自击状态,此时弹击锤起跳点应相应于该刻度尺上的"0"处。要满足这两个要求,根据回弹仪有关零件的尺寸计算,必须使:

弹击拉簧的工作长度 $L_0 = 61.5$ mm

弹击拉簧的拉伸长度 $L = 75.0$ mm

此时弹击锤应在相应于刻度尺上的"100"处脱钩,即在"0"处起跳。

试验表明,当弹击拉簧的工作长度、拉伸长度不符合以上规定要求时,各台仪器测得的回弹值离差较大。

(3)回弹仪经过校准后,为检验仪器在工作状态下各零部件的装配性能,回弹仪率定值应为(80±2)。当然,由于各部分零件加工和装配都有一定的公差范围,因此即使回弹仪各零部件设计、加工都符合要求,各台回弹仪的重锤起跳点也未必都相应于刻度上的“0”处起跳,此时必须注意,回弹仪顶盖上的调整螺丝只起着调“0”的作用,而无调整率定值的功能。

为了进一步校验每一台用于工程测试的回弹仪的实际质量和检查每台回弹仪在运输贮存过程中可能造成的性能影响,新仪器(国产、进口)启用前应送法定检定单位进行检定。

由于弹击拉簧、弹击座、弹击杆、中心导杆等主要零件经过更换或弹击拉簧前端不在拉簧座孔或调零螺丝松动或回弹仪遭受严重撞击或其他损坏等,都会使回弹仪偏离标准状态,因此应定期将回弹仪送检定单位进行检验,并做必要的更换和校正。

在正常情况下,回弹仪送检定单位校验后的有效期以使用一年或累计弹击 6 000 次为限。对于经常进行检测的回弹仪,应经常进行校验率定。

回弹仪在操作过程中,应着重注意以下三点:

(1)回弹仪的轴线应始终与结构或构件测试面保持垂直。

(2)缓慢均匀地将回弹仪垂直施压在测试面,在弹击重锤钩前不得施加冲击力。

(3)回弹仪使用完后,应及时清理、擦拭干净。弹击杆压入机壳必须待弹击后,使重锤脱钩后开始按下按钮锁住机芯,仪器宜平置于干燥阴凉处。

试验结果处理包括:①测区回弹值及碳化深度的统计计算;②计算测区混凝土强度换算值(当无地区测强相关曲线或专用测强相关曲线时,可按统一测强曲线,由回弹值及碳化深度求得测区混凝土强度,有条件时可在对应测区位置钻取芯样,对测区混凝土强度进行修正);③计算结构(或构件)混凝土的平均强度(精确至0.1 MPa)、标准差(精确至0.1 MPa)、最小测区强度及强度推定值。由于回弹值只代表混凝土表面层20~30 mm的质量,因此采用回弹法测强的前提是混凝土结构(或构件)的表面质量与内部质量基本一致。

《回弹法检测混凝土抗压强度技术规程》(JGJ/T 23—2011)把回弹法的适用范围扩大到C60级混凝土和商品混凝土,另外采用该标准只能检测龄期在三年以内的混凝土的强度。本方法比较适用于强度较高的混凝土。

二、超声波法

由于混凝土越密实,其动弹性模量越大,强度也越高,所以其超声波速越快。根据此原理,通过测量超声波在混凝土中的传播速度,就可以推断出混凝土的强度或其他相关物理量。它不仅用于测定混凝土强度,而且可应用于检查混凝土质量的均匀性、探测混凝土结构中内部缺陷的位置、大小及裂缝的宽度和深度等。

用超声波测定混凝土强度之前,应先建立强度与超声波速的关系曲线(或公式),然后根据测得的声速,由关系曲线求出混凝土强度值。

试验时,应先将混凝土各测点的表面磨平,并除去污秽,使发射和接收换能器均能紧贴于混凝土表面。实测中为了保证它们之间的良好接触,均须在测点部位用耦合剂(凡士林或黄油)耦合。

由于混凝土超声检测仪测读的是声波在混凝土中的传播时间(精确度为0.1 μs),因此必须准确测量其传播的距离。超声波法与回弹法相比较,它不仅能较好地反映混凝土的表层质量,而且能更好地检查混凝土内部的质量状况。

超声波仪器除了测量传播时间、信号幅度,有时还要求波形显示,因此要求超声仪器宜具有示波屏。其显示的优点有:接收波形的首波起始点能清晰可辨,利用手动标记信号与首波起始点重合,可测读时间,避免丢波;利用首波等幅测量传播时间,可减小误差。如采用等压换能器还可减少耦合影响来提高测试精度;衰减测量也需要观察波形,且调节固定接收波的首波幅度。

平面测试中采用的换能器,大多数是以厚度伸缩模式振动,而孔中测试所用的换能器通常采用径向振动模式的增压式换能器,因综合法均属于平面测试,故宜采用厚度振动模式换能器。混凝土超声检测的换能器选择以测定声时精度、探测距离以及混凝土质量而定,一般频率选择在20~200 kHz。试块测量及测距小于1 m的结构测量,可用50~100 kHz的换能器。对测距在1 m以上的结构测试,可用25 kHz或50 kHz的换能器。

换能器实测与标称的频率相差应大于±10%。频率相差过大,可能造成数据分析比较没有规律性。所以,对换能器规定这一指标要求,也可有效地促进换能器生产质量的提高。

超声仪器检验主要注意以下环节:

(1)为了解数字显示电路的集成元件工作是否正常,在试验之前或定期对数字及十进位显示做逐步检查,检查内容有:数码显示是否正常,调节延时旋钮,观察数码显示是否满足十进位要求(对于自动整形关门仪器,如JC-2、PUNDIT等,则采用调整接收、发射换能器之间距离,来检查数码显示是否正常)。凡不按顺序递变显示的,均属仪器数码显示不正常,将会导致测读数据错误。因此,须注意此项检验。

(2)在测试过程中,要求仪器扫描线和波形清晰稳定。因此,测试前须调节聚焦、辉度和扫描延迟旋钮,一方面是检查控制元件功能,同时检查仪器是否满足上述要求。

(3)换能器应与标准棒耦合良好后,调整增益时,观察波形信号是否随增益大小而变化,然后将增益置于最大,调节衰减器,观察波形信号是否随衰减值增大而减小。再调节发射电压,观察波信号是否随电压增大而增大,通过上述试验如仪器工作正常,则该仪器可认为符合测试要求。如果每次检查均采用同一技术条件(即所采用换能器频率、导线、耦合条件、脉冲重复频率和发射电压等保持一致),并定期检查记录,这样就可以了解仪器的稳定性和灵敏度性能。

因此,超声波法比较适用于强度较低的混凝土。

三、超声-回弹综合法

超声-回弹综合法，即对同一混凝土同时测试超声值和回弹值，以确定混凝土强度。由前述回弹法和超声波法可知，采用超声-回弹综合法测试混凝土强度，可起到取长补短的作用，从而减小测试误差，进一步提高测试结果的准确性。

超声-回弹综合法与前述方法基本类同，即先建综合法测强公式或绘制出标准等强曲线，然后根据实测的声速和回弹值，推定出结构或构件混凝土的强度。

混凝土工程实例一 混凝土配合比

混凝土配合比试验委托单

________（取送样见证人签章） 试件编号：________

委托日期：2015年9月29日 试验编号：hb-2015-0081

委托单位：陕西省某水利建筑公司 建设单位：辽宁某工程有限责任公司

工程名称：辽宁某水利工程二标段 设计强度等级：C15

施工部位：PCCP管道基础 外加剂名称：—

外加剂厂家：— 水泥品种强度等级：普通硅酸盐 42.5级

厂别牌号：辽阳 出厂日期：2015年9月 试验编号：sn-2015-0096

砂子产地：首山 种类：河砂 细度模数：2.6 试验编号：shaz-2015-0066

石子产地：首山 种类：碎石 粒级：20~40 mm 试验编号：shiz-2015-0147

水：地下水 调度：— 搅拌方法：机械 捣固方法：机械

送样人： 收样人：

混凝土配合比通知单

委托日期：2015年9月29日 试验编号：hntphb-2015-0081

发出日期：2015年10月28日

委托单位：陕西省某水利建筑公司 建设单位：辽宁某工程有限责任公司

工程名称：辽宁某水利工程二标段 施工部位：PCCP管道基础

设计等级：C15 渗透等级：— 搅拌方法：机械 捣固方法：机械

掺合料名称1：— 掺合料名称2：—

外加剂名称1：— 外加剂名称2：—

水泥试验编号：sn-2015-0096 水泥厂别及牌号：辽阳

水泥品种：普通硅酸盐 强度等级：42.5 出厂日期：2015年9月

砂子试验编号：shaz-2015-0066 砂子产地：首山 种类：河砂 细度模数：2.6

石子试验编号：shiz-2015-0147 石子产地：首山 种类：碎石 粒级：20~40 mm

委托人： 监理工程师：

水灰比	砂率(%)	养护方法及温度(℃)	坍落度要求(mm)	表观密度(kg/m³)
0.58	37	标养 20±2	30~50	2 424

材料 用量	水泥	砂	石子	水	掺合料		外加剂		试验结果		
									坍落度(mm)	抗压强度(MPa)	
										7 d	28 d
(kg/m³)	265	711	1 211	183	—	—	—	—			
分次(kg)	—	—	—	—	—	—	—	—	47	12.5	21.9

备注:本配合比所用材料均为饱和面干材料,使用单位应根据材料、含水情况随时调整。本配合比用水泥品种、外加剂或掺合料发生变化时,本配合比无效。

试验单位: 负责人: 审核人: 试验人:

混凝土工程实例二 混凝土立方体抗压强度

混凝土抗压强度试验委托单

试件编号:________

____

(取送样见证人签章)

试验编号:hntky-2015-00499

委托日期:2015 年 11 月 26 日　　建设单位:辽宁某工程有限责任公司

委托单位:陕西省某水利建筑公司　　工程名称:辽宁某水利工程二标段

施工部位:A53+776.78 水平支墩　　设计强度等级:C15

试件规格:150 mm×150 mm×150 mm　　坍落度(工作度):30~50 mm

搅拌方法:机械　　捣固方法:机械

工程量:100 m³　　养护方法和温度:自养

成型日期:2015 年 11 月 19 日　　试压日期:2015 年 12 月 17 日

水泥				砂子			水	石子			
试验单编号	品种强度等级	出厂日期	水泥厂	产地	种类	细度模数	水质	产地	种类	规格	级配情况
sn-2015-0096	普通硅酸盐42.5级	2015 年9月	辽阳	首山	河砂	2.6	饮用水	首山	碎石	20~40(mm)	单粒级

配合比编号	砂率(%)	水灰比	每立方米混凝土材料用量(kg)					
			水泥	砂	石子	水	掺合料	外加剂
hntphb-2015-0083	35.00	0.52	275	670	1 274	156	—	36.00

试件制作人: 试件送试人: 收样人:

混凝土抗压强度试验报告

委托日期:2015 年 11 月 26 日　　试验编号:hntky-2015-00499

发出日期:2015 年 12 月 17 日　　建设单位:辽宁某工程有限责任公司

委托单位:陕西省某水利建筑公司　　工程名称:辽宁某水利工程二标段

施工部位:A53+776.78　B53+761.45 水平支墩　　设计强度等级:C15

试件规格:150 mm×150 mm×150 mm　　坍落度(工作度):30~50 mm

搅拌方法:机械　　捣固方法:机械

工程量:100 m^3　　养护方法和温度:自养

成型日期:2015 年 11 月 19 日　　试压日期:2015 年 12 月 17 日

试件送试人:　　监理工程师:

配合比通知单编号			hntphb-2015-0083				
试件编号	受压面积(mm^2)	龄期(d)	抗压强度(MPa)				占设计强度(%)
			1	2	3	强度代表值	
2015-00499	22 500	28	18.9	17.2	16.4	17.5	117
备注:							

试验单位:　　负责人:　　审核人:　　试验人:

项目五　砂浆试验

为了评定新拌砂浆的质量,必须试验其和易性,砂浆和易性包括砂浆的稠度和分层度等。为评定硬化砂浆的质量,须测定其抗压强度。

任务一　砂浆拌和物的实验室拌制

一、一般规定

(1)建筑砂浆试验用料应根据不同要求,可从同一盘搅拌机或同一车运送的砂浆中取出;在实验室取样时,可从机械或人工拌和的砂浆中取出。

(2)施工中取样进行砂浆试验时,其取样方法和原则按相应的施工验收规范执行。应在使用地点的砂浆槽、砂浆运送车或搅拌机出料口,至少从三个不同部位集取。所取试样的数量应多于试验用料的1~2倍。

(3)实验室拌制砂浆进行试验时,拌和用的材料要求提前运入室内,拌和时实验室的温度应保持在(20±5)℃。

(4)需要模拟施工条件下所用的砂浆时,实验室原材料的温度宜保持与施工现场一致。

(5)试验用水泥和其他原材料应与现场使用材料一致。

二、拌和方法

(一)人工拌和

(1)将称量好的砂倒在拌和铁板上,然后加入水泥,用拌铲拌和至混合物颜色均匀。

(2)将混合物堆成堆,在中间做一凹槽,将称好的石灰膏(或黏土膏)倒入凹槽中(若为水泥砂浆,则将称好的水的一半倒入凹槽中),再加入适量的水将石灰膏(或黏土膏)调稀,然后与水泥、砂共同拌和。用量筒逐次加水并拌和,直至拌和物色泽一致,和易性凭经验调整到符合要求。水泥砂浆每翻拌一次,需用铲将全部砂浆压切一次。拌和时间从加水时起5 min内完成。

(二)机械拌和

(1)先拌适量砂浆(应与正式拌和的砂浆配合比相同),用于在搅拌机内壁沾附一薄层砂浆,使正式拌和时的砂浆配合比成分准确。

(2)称出各材料用量,将砂、水泥装入搅拌机内。

(3)开动搅拌机,将水徐徐加入(混合砂浆需将石灰膏或黏土膏用水稀释至浆状),搅拌约3 min(搅拌的砂浆量不宜少于搅拌机容量的20%,搅拌时间不宜少于2 min)。

(4)将砂浆拌和物倒于拌和铁板上,用拌铲翻拌两次,使之均匀。

任务二 水泥砂浆稠度试验

砂浆稠度是用标准圆锥体,在规定时间内沉入砂浆拌和物的深度(即沉入度),以 mm 表示。砂浆稠度对施工的难易程度有重要影响。

一、试验目的

通过试验,测定砂浆的稠度,用以评定砂浆的质量。

二、主要仪器设备

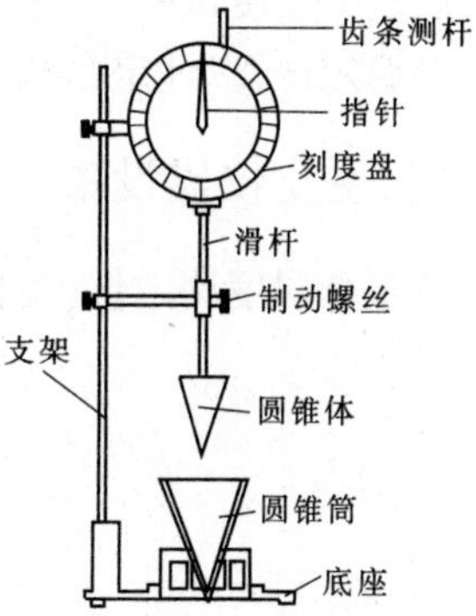

图 5-1 砂浆稠度测定仪

(1)砂浆稠度测定仪:由试锥、容器和支座三部分组成(见图 5-1)。试锥由钢材或铜材制成,试锥高度为 145 mm,锥底直径为 75 mm,试锥连同滑杆的质量应为(300±2) g;盛砂浆容器由钢板制成,筒高为 180 mm,锥底内径为 150 mm;支座分底座、支架及稠度显示三个部分,由铸铁、钢及其他金属制成。

(2)钢制捣棒:直径 10 mm、长 350 mm,端部磨圆。

(3)秒表等。

三、试验步骤

(1)盛浆容器和试锥表面用湿布擦干净,并用少量润滑油轻擦滑杆,后将滑杆上多余的油用吸油纸擦净,使滑杆能自由滑动。

(2)将砂浆拌和物一次装入容器,使砂浆表面低于容器口约 10 mm,用捣棒自容器中心向边缘插捣 25 次,然后轻轻地将容器摇动或敲击 5~6 下,使砂浆表面平整,随后将容器置于稠度测定仪的底座上。

(3)拧开试锥滑杆的制动螺丝,向下移动滑杆,当试锥尖端与砂浆表面刚接触时,拧紧制动螺丝,使齿条测杆下端刚接触滑杆上端,并将指针对准零点上。

(4)拧开制动螺丝,同时计时间,待 10 s 立即固定螺丝,使齿条测杆下端接触滑杆上端,从刻度盘上读出下沉深度(精确至 1 mm)即为砂浆的稠度值。

(5)圆锥形容器内的砂浆,只允许测定一次稠度,重复测定时,应重新取样测定。

四、试验成果处理

(1)取两次试验结果的算术平均值作为试验结果,精确至 1 mm。

(2)两次测值之差如大于 10 mm,则应另取砂浆搅拌后重新测定。

任务三　砂浆分层度试验

一、试验目的

通过分层度试验,测定建筑砂浆在运输及停放时的保水能力及砂浆内部各组分之间的相对稳定性,以评定其和易性。

二、主要仪器设备

砂浆分层度测定仪(见图5-2)。其他设备同砂浆稠度试验仪器。

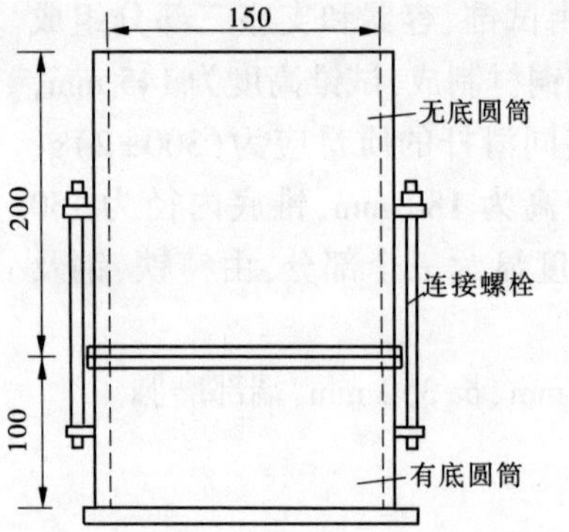

图5-2　砂浆分层度测定仪　(单位:mm)

三、试验步骤

(1)将经稠度测试后的砂浆重新拌和均匀,一次浇筑满分层度测定仪。用木锤在容器周围距离大致相等的四个不同地方轻敲1~2次,并随时添加,然后用抹刀抹平。

(2)静置30 min,去掉上层200 mm砂浆,然后取出底层100 mm砂浆重新拌和均匀,再测定砂浆稠度。

(3)取两次稠度的差值,即为砂浆的分层度,以mm计。

四、试验结果处理

(1)以两次结果的算术平均值作为砂浆的分层度值,精确至1 mm。

(2)如两次分层度值之差大于10 mm,则应重做试验。

试验一　砂浆稠度、分层度试验

一、试验目的

二、试验方法与步骤

三、试验要求

(1)试锥下沉 10 s 后,立即固定螺丝,读数精确至 1 mm。

(2)圆锥筒内砂浆只允许测定一次稠度,重复测定时应重新取样。

四、试验记录

砂浆种类________设计强度等级________试验日期________

<table>
<tr><th rowspan="2">项目</th><th rowspan="2">编号</th><th rowspan="2">水泥</th><th rowspan="2">白灰</th><th rowspan="2">砂</th><th rowspan="2">水</th><th rowspan="2">拌和物密度(kg/m³)</th><th colspan="3">稠度(mm)</th><th rowspan="2">分层度(mm)</th></tr>
<tr><th>1</th><th>2</th><th>平均</th></tr>
<tr><td rowspan="3">每盘用量(kg)</td><td>1</td><td></td><td></td><td></td><td></td><td></td><td></td><td></td><td></td><td></td></tr>
<tr><td>2</td><td></td><td></td><td></td><td></td><td></td><td></td><td></td><td></td><td></td></tr>
<tr><td>3</td><td></td><td></td><td></td><td></td><td></td><td></td><td></td><td></td><td></td></tr>
<tr><td rowspan="3">每立方米用量(kg)</td><td>1</td><td></td><td></td><td></td><td></td><td></td><td></td><td></td><td></td><td></td></tr>
<tr><td>2</td><td></td><td></td><td></td><td></td><td></td><td></td><td></td><td></td><td></td></tr>
<tr><td>3</td><td></td><td></td><td></td><td></td><td></td><td></td><td></td><td></td><td></td></tr>
</table>

五、结果计算与评定

(一)稠度

(1)取两次试验结果的算术平均值,计算精确至 1 mm。

(2)两次试验值之差如大于 10 mm,则应另取砂浆搅拌后重新测定。

(二)分层度

(1)两次测得的稠度之差为砂浆分层度值,即$\Delta=K_1-K_2$。

(2)取两次试验结果的算术平均值作为该砂浆的分层度值。

(3)两次分层度试验值之差如果大于10 mm,应重做试验。

(三)结论

该砂浆的和易性(是/否) ________ 满足工程施工要求。

六、回答问题

(1)砂浆稠度测定时,如果试锥连续下沉,如何测定稠度值?

(2)砂浆的分层度大小受哪些因素影响?

任务四　砂浆立方体抗压强度试验

一、试验目的

测定砂浆立方体的抗压强度,用以测定砂浆强度等级。

二、主要仪器设备

(1)试模为70.7 mm×70.7 mm×70.7 mm的立方体,由铸铁或钢制成,应具有足够的刚度并拆装方便。

(2)捣棒:直径10 mm、长350 mm的钢棒,端部应磨圆。

(3)压力试验机:采用精度(示值的相对误差)不大于±1%的试验机。

三、试件制作及养护

(1)制作砌筑砂浆试件时,在试模内涂一薄层矿物油,装入砂浆并提高模口,用捣棒插捣25次,当采用振动台振动成型时,可振动15 s;当采用跳桌成型时,跳动120次。试验以3个试件为一组。

(2)砂浆成型后经1~2 h用镘刀刮去多余砂浆,并抹平试件表面、编号,在(20±5)℃

环境下停置一昼夜(24±2)h,必要时,可适当延长时间,但不应超过两昼夜。试件拆模后,应在标准养护室养护。

(3)养护至规定龄期,取出试件并擦净表面,立即进行抗压试验。待压试件需用湿布覆盖,以防止试件干燥。

(4)测量尺寸,并检查其外观。试件尺寸测量精确至1 mm,并据此计算试件的承压面积。如实测尺寸与公称尺寸之差不超过1 mm,可按公称尺寸进行计算。

(5)将试件安放在试验机的下压板上,上下压板与试件之间宜垫以钢垫板。加压方向应与试件捣实方向垂直。开动试验机,当上压板与上垫板即将接触时,如有明显偏斜,应调整球座,使试件均匀受压。

(6)以0.25~1.5 kN/s速度连续而均匀地加荷。当试件接近破坏而开始迅速变形时,停止调整试验机油门,直至试件破坏,记录破坏荷载。

四、试验结果处理

(1)砂浆立方体抗压强度应按式(5-1)计算(精确至0.1 MPa):

$$f_{m,cu}=\frac{P}{A} \tag{5-1}$$

式中 $f_{m,cu}$——砂浆立方体抗压强度,MPa;

P——立方体破坏压力,N;

A——试件承压面面积,mm^2。

(2)砂浆立方体抗压强度以三个试件测值的算术平均值作为该组试件的抗压强度值。三个测值中单个测值与中间值允许差值为±15%,超过时应将该测值剔除,取余下两个试件值的平均值作为试验结果。如一组中可用的测值少于两个,则该组试验应重做。

试验二 砂浆立方体抗压强度试验

一、试验目的

二、试验方法与步骤

三、试验要求

(1)水泥砂浆在(20±5)℃温度环境下停置一昼夜(24±2)h。

(2)养护至规定龄期,取出试件并擦净表面,立即进行抗压试验。待压试件需用湿布覆盖,以防止试件干燥。

(3)以0.25~1.5 kN/s速度连续而均匀地加荷。当试件接近破坏而开始迅速变形时,停止调整试验机油门,直至试件破坏,记录破坏荷载。

四、试验记录

砂浆种类______ 设计强度等级______ 试验日期______

<table>
<tr><th>压块时间</th><th>编号</th><th colspan="4">单块值</th><th>代表值(MPa)</th><th>占强度等级百分率(%)</th></tr>
<tr><td rowspan="6">____月
____日</td><td rowspan="2">1</td><td>荷载(kN)</td><td></td><td></td><td></td><td rowspan="6"></td><td rowspan="6"></td></tr>
<tr><td>强度(MPa)</td><td></td><td></td><td></td></tr>
<tr><td rowspan="2">2</td><td>荷载(kN)</td><td></td><td></td><td></td></tr>
<tr><td>强度(MPa)</td><td></td><td></td><td></td></tr>
<tr><td rowspan="2">3</td><td>荷载(kN)</td><td></td><td></td><td></td></tr>
<tr><td>强度(MPa)</td><td></td><td></td><td></td></tr>
</table>

五、结果计算与评定

(1)以三个试件测值的算术平均值作为该组试件的抗压强度值,平均值计算精确至0.1 MPa。

(2)三个测值中单个测值与中间值允许差值为±15%,超过时应将该测值剔除,取余下两个试件值的平均值作为试验结果。如一组中可用的测值少于两个,则该组试验应重做。

(3)结论:该砂浆的强度(是/否)______满足施工要求。

六、回答问题

砂浆强度试件与混凝土强度试件有何不同?

项目六　砌墙砖试验*

任务一　简　述

砖有烧结普通砖、烧结多孔砖以及烧结空心砖和空心砖块等(本试验以下简称普通砖、多孔砖和空心砖)。按行业标准《砌墙砖检验规则》[JC/T 466—1992(1996)]的规定，对各类砌墙砖均要求检验的项目有尺寸偏差、外观质量、强度等级和抗冻性能；仅对某类砌墙砖的特性检验项目包括吸水率、饱和系数、泛霜、石灰爆裂、干燥收缩、碳化系数、表观密度及孔洞率。确定砖样检验批的基本原则是尽可能使得批内砖质量分布均匀，具体实施中应做到：正常生产与非正常生产、原料变化、配料比例不同及不同强度等级的砖不能混批。检验批量的大小宜在 3.5 万~15 万块，不足 3.5 万块按一批计。

普通砖采用随机数码求取法抽取 50 块砖样做外观质量检验，然后从外观检验后的砖样中再随机抽取 35 块供检验其他项目用。其中强度等级和抗冻性各 10 块，吸水率、石灰爆裂及泛霜各 5 块。强度等级和抗冻性能的 20 块砖样需先测量尺寸偏差。另外还须留备用砖样 5 块。

本项目依据《砌墙砖试验方法》(GB/T 2542—2012)，仅介绍普通砖、多孔砖及空心砖的强度试验，请注意，所用物理量的代数符号与住房和城乡建设部体系的不同。

任务二　普通烧结砖强度试验

普通烧结砖的抗压强度是指试件受压时单位面积所承受的最大荷载。根据普通烧结砖抗压强度的大小来划分普通砖的强度等级。

一、试验目的

通过试验，测定普通烧结砖的抗压强度值，用以评定烧结普通砖的强度等级。

二、主要仪器设备

(1)压力试验机：要求与混凝土抗压强度试验用的相同。

(2)砖用卡尺：分度值为 0.5 mm。

(3)钢直尺：分度值为 1 mm。

(4)锯砖机或切砖机、镘刀及试件制作平台等。

三、试件制备

将试样切断或割成两个半截砖。断开的半截砖长不得小于 100 mm，否则应另取备用试件补足。将半截砖放入室温净水中浸20~30 min后取出,放在试件制备平台上,并以断口相反方向叠放,两者中间抹以厚度不超过5 mm的、稠度适宜的水泥净浆(强度等级为42.5级的普通硅酸盐水泥)来黏结,上下两面用厚度不超过3 mm的同种水泥净浆抹平。制成的试件上下两面须相互平行,并垂直于侧面,如图6-1所示。试件制成后应置于不低于10 ℃的不通风室内养护3 d,再进行试验。

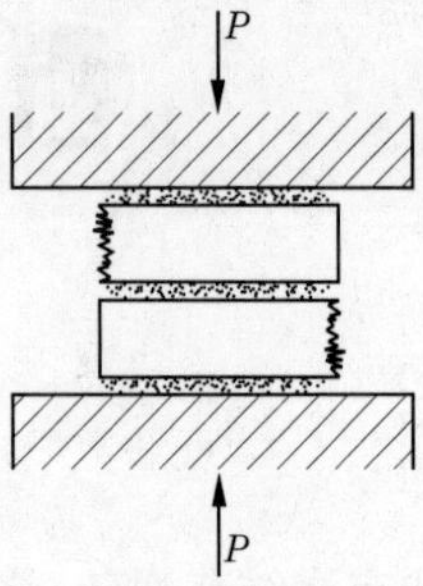

图6-1　砖的抗压强度试验

四、试验步骤

(1)测量每个试件连接面或受压面的长、宽尺寸各两个(精确至1 mm),分别取其平均值。

(2)将试件平放在压力机加压板的中央,垂直于受压面加荷,宜以2~6 kN/s的加荷速度均匀平稳加荷,不得发生冲击或振动,直至试件破坏,记录最大破坏荷载P(N)。

五、试验结果处理

(1)每块砖样的抗压强度测定值(f_p)按式(6-1)计算(精确至0.1 MPa):

$$f_p = \frac{P}{LB} \tag{6-1}$$

式中　f_p——抗压强度,MPa;

P——最大破坏荷载,N;

L——受压面(或连接面)的长度,mm;

B——受压面(或连接面)的宽度,mm。

(2)试验结果以试样抗压强度的算术平均值和标准值或单块最小值表示。

试验一　砖材试验

一、试验目的

二、试验方法与步骤

三、试验要求

（1）制备砖试样。

（2）测试件受压面的长、宽尺寸各两个，分别取其平均值，精确至 1 mm。

四、试验记录

编号	长、宽尺寸（mm）	荷载（kN）	单块抗压强度（MPa）	平均抗压强度（MPa）	单块最小值（MPa）
1					
2					
3					
4					
5					
6					
7					
8					
9					
10					

五、结果计算与评定

(1)按平均值-标准值法(变异系数 $\delta \leq 0.21$)或平均值-最小值法(变异系数 $\delta \leq 0.21$)评定砖的等级。

(2)结论:该砖的强度 ________ 施工要求。

六、回答问题

(1)砖材试验如何取样才有代表性?

(2)不同砖材的抗压强度试件制备有何不同?

任务三　多孔砖强度试验

多孔砖强度试验包括抗压强度和抗折荷重试验。它们的试验结果是确定多孔砖强度等级的依据。

一、试验目的

通过试验,检测多孔砖的抗压强度和抗折荷重试验值,用以评定多孔砖的强度等级。

二、主要仪器设备

压力试验机、砖用卡尺及钢直尺等,要求同普通砖。

三、试件制备

多孔砖的抗压试件以单块整砖沿竖孔方向加压,试件制作采用坐浆法操作,即将玻璃板置于试件制备平台上,其上铺一张湿的垫纸,纸上铺一层厚度不超过 5 mm 的水泥净浆(水泥净浆同普通砖),取出已在水中浸泡 10~20 min 的试样,将受压面(大面)平稳地坐放在水泥浆上,在另一受压面上稍加压力,使整个水泥层与砖受压面相互黏结,砖的侧面(条面及顶面)应垂直于玻璃板。待水泥浆适当凝固后,连同玻璃板翻放在另一铺纸放浆的玻璃板上,再进行坐浆。用水平尺校正玻璃板的水平。将制成的试件置于不低于 10 ℃的不通风室内养护 3 d,再进行试验。

四、试验步骤

抗压强度试验:测量每块砖样两个大面中间处的长、宽尺寸各两个(精确至 1 mm)。其他试验步骤同普通砖强度试验。

五、试验结果处理

按表 6-1 中的抗压强度平均值 f_j、强度标准值 f_k 评定砖和砌块的强度等级,精确至 0.1 MPa。样本量 $n=10$ 的强度标准值按式(6-2)计算:

$$f_k = f_j - 1.83S \tag{6-2}$$

式中　f_k——强度标准值,精确至 0.1 MPa;

f_j——10 块试样的抗压强度平均值,精确至 0.1 MPa;

S——10 块试样的抗压强度标准差,精确至 0.1 MPa。

S 的计算公式见式(6-3):

$$S = \sqrt{\frac{1}{9}\sum_{i=1}^{10}(f_i - f_j)^2} \tag{6-3}$$

式中　f_i——单块试样抗压强度测定值,精确至 0.1 MPa;

其余符号意义同前。

表 6-1　强度等级判定标准　(单位:MPa)

强度等级	抗压强度平均值 f_j(≥)	强度标准值 f_k(≥)
MU30	30.0	22.0
MU25	25.0	18.0
MU20	20.0	14.0
MU15	15.0	10.0
MU10	10.0	6.5

任务四　空心砖强度试验简介

空心砖强度试验包括大面和条面抗压强度试验及抗折荷重试验。其主要仪器设备、试件制备、试验步骤及试验结果处理均与多孔砖抗压强度试验相同。

根据测得的大面、条面各 5 块试件抗压强度测定值及抗折荷重测定值的算术平均值和单块最小值,按《烧结空心砖和空心砌块》(GB/T 13545—2014)的强度指标确定空心砖的强度等级。

项目七　石油沥青试验*

常用的沥青材料为石油沥青,本项目介绍石油沥青的试验方法。石油沥青的主要技术指标有针入度、延度、软化点,并据此划分标号。

试样的选取应从同一批出厂、同一规格标号的沥青中,以20 t为一取样单位。对每个取样单位,从5个不同部位选取数量大致相等的试样,共1 kg左右,作为代表试样。

任务一　针入度试验

本方法适用于测定针入度小于350度的石油沥青的针入度。

石油沥青的针入度以标准针在一定的荷重、时间及温度条件下垂直穿入沥青试样的深度来表示,0.1 mm为1度。如未另行规定,标准针、滑动连杆与附加砝码的总质量为(100±0.05)g,温度为(25±0.1)℃,时间为5 s。

一、试验目的

通过试验,检测石油沥青的针入度值,判定石油沥青的黏滞性。

二、主要仪器设备

(1)针入度仪:常用的形式如图7-1所示。标准针由硬化回火的不锈钢制成。

(2)试件皿:金属圆柱形平底容器。当针入度小于200度时,用内径55 mm、内深35 mm的容器;当针入度为200~350度时,用内径55~70 mm、内深45~70 mm的容器。

(3)玻璃皿:平底,容量不小于0.35 L,深度要没过最大的样品皿,内设一个不锈钢三脚支架。

(4)恒温水槽:容量不小于10 L,恒温要求(25±0.1)℃,槽中备有带孔支架,位于水面下不小于100 mm、距槽底不小于50 mm处。

(5)温度计(-8~55 ℃,分度值0.1 ℃)、筛(筛孔0.3~0.5 mm)、秒表等。

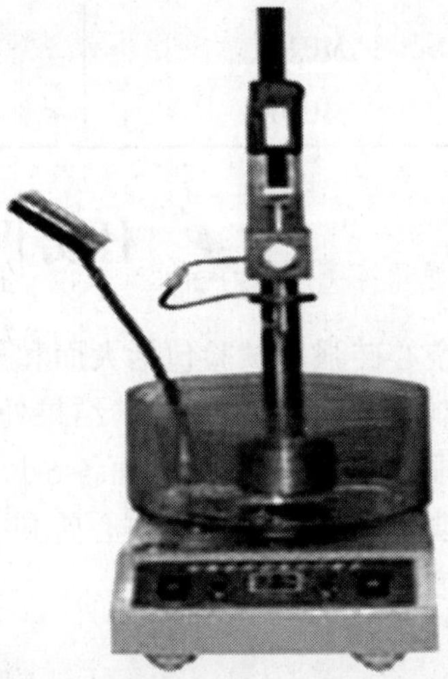

图7-1　沥青针入度仪

三、试件制备

(1)将预先除去水分的沥青试样在砂浴(或密闭电炉)上小心加热,不断搅拌以防止局部过热。加热温度不超过试样估计软化点100 ℃,加热时间不超过30 min。用筛过滤除去杂质,加热、搅拌过程应避免试样中混入空气泡。

(2)将试样倒入试样皿中,试样深度应大于预计插入深度 10 mm。

(3)轻轻地盖住试样皿,以防落入灰尘,在 15~30 ℃的空气中冷却 1~1.5 h(小试样皿)或 1.5~2 h(大试样皿)。然后将试样皿移入水温为(25±0.1)℃的恒温水槽中。小试样皿恒温 1~1.5 h,大试样皿恒温 1.5~2 h。

四、试验步骤

(1)调整针入度仪的基座螺丝,使仪器水平,取出盛沥青的试样皿,置于平底玻璃皿的三脚支架上,玻璃皿中的水温为 25 ℃,水深应使试样表面的水层高度不小于 10 mm。再将平底玻璃皿置于针入度仪的旋转圆台上。

(2)慢慢放下试针连杆,使针尖刚好与试样表面接触(必要时可通过反光镜观察)。按下活动齿杆,使其与试针连杆顶端相接触,再调节刻度盘使指针指零。

(3)用手紧压按钮,同时启动秒表。标准针自由下落插入沥青试样,5 s 后立即停压按钮及秒表。

(4)按下活动齿杆,使其与试针连杆顶端接触。此时刻度盘指针的读数即为该试件的针入度。

(5)同一试件重复测试至少 3 次,各测定点之间及测定点与试样皿边缘之间的距离不小于 10 mm。每次测试前应将平底玻璃皿放入恒温水槽中,每次测试时换一根干净的标准针(或将针取下用甲苯或其他溶剂擦干净,再用干净布擦干)。

(6)测定针入度大于 200 度的沥青试件时,至少用 3 根针。每次测试后将针留在试件中,直至 3 次测试完成后,才能把针从试件中取出。

五、试验结果处理

(1)取 3 次测试针入度的平均值作为试验结果(计算至整数)。

(2)3 次测试针入度的最大差值应不超过相关规定的数值,否则试验应重做。

任务二 延度试验

延度是用规定的沥青试件,在一定温度下,以一定的速度拉伸至断裂时的长度,以 cm 表示。非经特殊说明,试验温度为(25±0.5)℃,延伸速度为(50±2.5)mm/min。

一、试验目的

通过试验,测定石油沥青的延度值,用以评价石油沥青的塑性。

二、主要仪器设备

(1)延度仪:常用的形式如图 7-2 所示。仪器开动时,滑板以(50±2.5)mm/min 的速度平稳移动。

(2)试件模具:试件似"8"字形。模具用黄铜制造,由底板、两个端模和两个侧模组成,其形状和尺寸如图 7-2 所示。

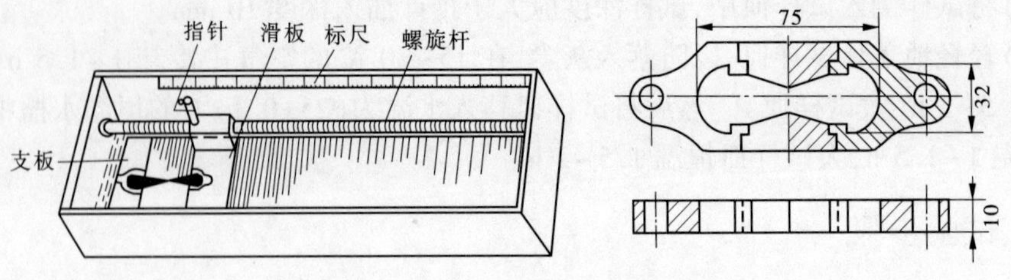

图7-2 沥青延度仪及"8"字形试模 (单位:mm)

(3)恒温水槽、温度计等。

(4)甘油滑石粉隔离剂:甘油:滑石粉=2:1(按质量计)。

三、试件制备

(1)将隔离剂均匀涂于试模金属底板和侧模的内表面(注意切勿涂于端模内侧面),并将模具组装在金属底板上。

(2)将除去水分的试样在砂浴(或密闭电炉)上小心加热,并防止局部过热(要求同针入度试验)。然后将熔化的试样呈细流状注入模具,自模具的一端至另一端往返多次,使沥青略高出模具。

(3)将试模在15~30 ℃的空气中冷却30 min,再放入(25±0.1)℃ 的恒温水槽中保持30 min后取出。用热刀将高出模具的沥青刮去,使沥青面与模具表面齐平。刮去沥青的方法应自试模中间刮向两端,表面应刮得十分光滑。将试件连同金属底板再浸入恒温水槽中1~1.5 h。

四、试验步骤

(1)检验延度仪的拉伸速度是否符合要求。调整与滑板相连的指针,使其正对标尺零点。保持延度仪内水槽中的水温为(25±0.5)℃。

(2)将试件移至延度仪水槽中,自试模金属底板上取下试件,并将两端模上的孔分别套在滑板及槽端的金属柱上,最后去掉侧模。水面距试件表面应不小于25 mm。

(3)开动延度仪(此时仪器不得有振动),观察沥青试件的拉伸情况。若测定时沥青细丝浮于水面或沥青丝沉向槽底,则表明槽内水的密度与沥青的密度相差过大,应向水中加入乙醇或食盐,以调整水的密度,使其与沥青密度相近,而后再进行测定。

(4)试件拉断时指针所指标尺上的读数,即为试件的延度,以cm计。在正常情况下,试件被拉伸成锥尖状或极细丝,在断裂时实际横断面为零。如不能得到上述结果,则应认为在此条件下无测定结果。

五、试验结果处理

(1)取平行测试的三个试件的延度平均值作为测定结果。如三个测试值不在其平均值的5%以内,但其中两个较高值在平均值的5%以内,则弃去最低测试值,取两个较高值的平均值作为测定结果。

(2)重复性要求:两次试验结果之差不应超过平均值的 10%;再现性要求:两个不同实验室试验结果之差不超过平均值的 20%。

任务三 软化点试验

软化点是沥青试件在测定条件下,因受热而下坠达 25.4 mm 时的温度(℃)。

一、试验目的

通过试验,检测石油沥青的软化点值,并评定石油沥青的耐热性。

二、主要仪器设备

(1)沥青软化点测定仪:常用的形式如图 7-3 所示,由烧杯、支架和温度计组成。支架上有上、中、下三个承板。黄铜制成的试件环,水平地放在中承板的圆孔中,下承板距试件环的下线为 25.4 mm。钢球直径为 9.5 mm,质量为 (3.50±0.05)g,用定位器使其定位于试件环中央。

(2)温度计:30~180 ℃,分度值 0.5 ℃。

(3)筛、刮刀、磨光金属板、秒表、甘油滑石粉隔离剂等。

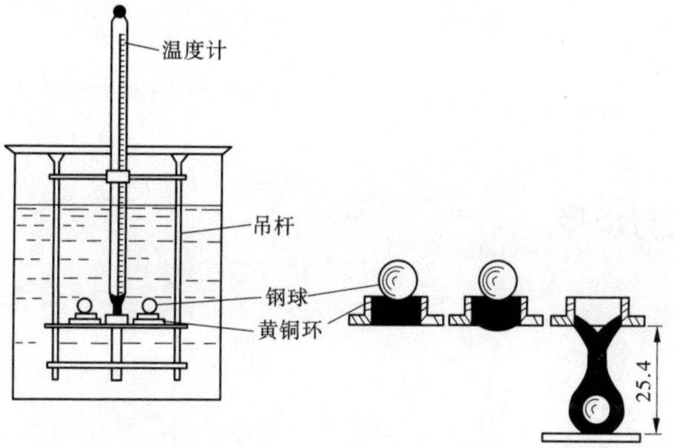

(a)仪器装置图　(b)沥青软化过程示意图

图 7-3 沥青软化点测定仪 (单位:mm)

三、试件制备

(1)将试件环置于涂有隔离剂的金属板上。如估计软化点在 120~157 ℃,应将环和金属极预热至 80~100 ℃。

(2)将预先脱水的沥青加热熔化(要求与针入度试验相同),将试样注入试件环内至略高出环面。将试件置于 15~30 ℃的空气中冷却 30 min 后,用热刀将高出环面的沥青刮去,使环面齐平。

四、试验步骤

(1)从保温槽中取出盛有试样的黄铜环,置于支架中承板的圆孔中,并套上钢球定位器,将钢球放在试件上,然后把整个支架放入烧杯内。支架上任何部分均不得有气泡。将温度计由上承板中心孔垂直插入,使水银球底部与铜环下面齐平。

(2)将烧杯移放至有石棉网的三脚架或电炉上(试样环的平面处于水平状态),立即加热,使烧杯内水或甘油的温度在 3 min 后以(5±0.5)℃/min 的速度上升。在整个测试过程中,如温度上升速度超过此范围,则试验应重做。

(3)试样受热软化下坠至与下承板面接触时的温度,即为该试件的软化点(℃)。

五、试验结果处理

(1)取平行测试的两个试件的软化点平均值作为测定结果。

(2)重复性要求:两次试验结果之差,不应超过相关规定的数值;再现性要求:两个不同实验室试验结果之差不应超过 5.5 ℃。

试验一　沥青试验

一、试验目的

二、试验方法与步骤

三、试验记录

工程名称		工程部位	
牌　号		代表批量	
检验项目	针入度(1/10 mm)	软化点(℃)	延伸度(mm)
检测结果			
结　论			

项目八　钢筋试验

任务一　一般规定

(1)钢筋混凝土用热轧钢筋,同一公称直径和同一炉罐号组成的钢筋应分批检查和验收,每批质量不大于 60 t。

(2)钢筋应有出厂证明或试验报告单,验收时应抽样做拉伸试验和冷弯试验。钢筋在使用中若有脆断、焊接性能不良或力学性能显著不正常,还应进行化学成分分析。验收时包括尺寸、表面及质量偏差等检验项目。

(3)钢筋拉伸及冷弯使用的试样不允许进行车削加工。试验应在(20±10)℃的温度下进行,否则应在报告中注明。

(4)验收取样时,自每批钢筋中任取两根截取拉伸试样,任取两根截取冷弯试样。在拉伸试验中,若有一根试件的屈服点、抗拉强度和伸长率三个指标中有一个达不到标准中的规定值,或冷弯试验中有一根试件不符合标准要求,则在同一批钢筋中再抽取双倍数量的试件进行该不合格项目的复验,复验结果中只要有一个指标不合格,则该试验项目判定为不合格,整批不得交货。

(5)拉伸和冷弯试件的长度 L,分别按式(8-1)、式(8-2)计算后截取:

拉伸试件 $$L = L_0 + 2h + 2h_1 \tag{8-1}$$

冷弯试件 $$L_w = 5a + 150 \tag{8-2}$$

式中　L、L_w——拉伸试件和冷弯试件的长度,mm;

L_0——拉伸试件的标距,$L_0 = 5a$ 或 $10a$,mm;

h、h_1——夹具长度和预留长度,mm,$h_1 = (0.5 \sim 1)a$,见图 8-1;

a——钢筋的公称直径,mm。

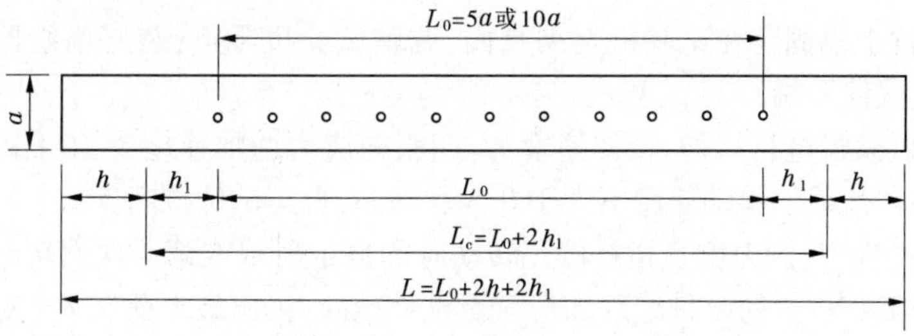

L_c—试样原始标距的标记与试验机夹头之间的距离

图 8-1　钢筋拉伸试验试件

任务二　拉伸试验

一、试验目的

通过试验测定钢筋的屈服点、抗拉强度和伸长率,评定钢筋的质量。

二、主要仪器设备

(1)万能材料试验机示值误差不大于1%,量程的选择:试验时达到最大荷载时,指针最好在第三象限(180°~270°)内,或者显示破坏荷载在量程的50%~75%。

(2)钢筋打点机或划线机、游标卡尺(精度为0.1 mm)等。

三、试样制备

拉伸试验用钢筋试件不得进行车削加工,可以用两个或一系列等分小冲点或细划线标出试件原始标距,测量标距长度 L_0,精确至0.1 mm,见图8-1。根据钢筋的公称直径按表8-1选取公称横截面面积(mm^2)。

表8-1　钢筋的公称横截面面积

公称直径(mm)	公称横截面面积(mm^2)	公称直径(mm)	公称横截面面积(mm^2)
8	50.27	22	380.1
10	78.54	25	490.9
12	113.1	28	615.8
14	153.9	32	804.2
16	201.1	36	1 018
18	254.5	40	1 257
20	314.2	50	1 964

四、试验步骤

(1)将试件上端固定在试验机上夹具内,调整试验机零点,装好描绘器、纸、笔等,再用下夹具固定试件下端。

(2)开动试验机进行拉伸,拉伸速度为:屈服前应力增加速度为10 MPa/s;屈服后试验机活动夹头在荷载下移动速度不大于0.5 L_0/min,直至试件拉断。

(3)拉伸过程中,测力度盘指针停止转动时的恒定荷载或第一次回转时的最小荷载,即为屈服荷载 F_s(N)。向试件继续加荷直至试件拉断,读出最大荷载 F_b(N)。

(4)测量试件拉断后的标距长度 L_1。将已拉断的试件两端在断裂处对齐,尽量使其轴线位于同一条直线上。如拉断处距离邻近标距端点大于 $L_0/3$,可用游标卡尺直接量出 L_1。如拉断处距离邻近标距端点小于或等于 $L_0/3$ 时,可按下述移位法确定 L_1:在长段上自断点起,取等于短段格数得 B 点,再取等于长段所余格数之半得 C 点,偶数见图8-2(a);或者取所余格数减1与加1之半得 C 与 C_1 点,奇数见图8-2(b),则移位后的

L_1 分别为 $AB+2BC$ 或 $AB+BC+BC_1$。

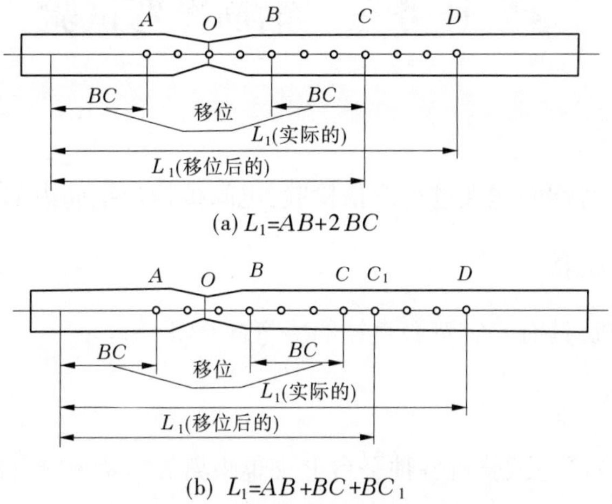

图 8-2　用移位法计算标距

如果直接测量所求得的伸长率能达到技术条件要求的规定值，则可不采用移位法。

五、试验结果处理

(1) 钢筋的屈服点 σ_s 和抗拉强度 σ_b 分别按式(8-3)、式(8-4)计算。

$$\sigma_s = \frac{P_s}{A} \tag{8-3}$$

$$\sigma_b = \frac{P_b}{A} \tag{8-4}$$

式中　σ_s、σ_b——钢筋的屈服点和抗拉强度，MPa；

P_s、P_b——钢筋的屈服荷载和最大荷载，N；

A——试件的公称横截面面积，mm^2。

当 σ_s、σ_b 大于 1 000 MPa 时，应计算至 10 MPa，按四舍六入五单双法修约；当 σ_s、σ_b 为 200~1 000 MPa 时，应计算至 5 MPa，按二五进位法修约；当 σ_s、σ_b 小于 200 MPa 时，应精确至 1 MPa，小数点数字按四舍六入五单双法处理。

(2) 钢筋的伸长率 $\delta_5(\delta_{10})$ 按式(8-5)计算：

$$\delta_5(\delta_{10}) = \frac{L_1 - L_0}{L_0} \times 100\% \tag{8-5}$$

式中　δ_5、δ_{10}——$L_0 = 5a$ 或 $L_0 = 10a$ 时的伸长率(精确至 1%)；

L_0——原标距长度，$5a$ 或 $10a$，mm；

L_1——试件拉断后直接量出或按移位法的标距长度，mm，精确至 0.1 mm。

如试件在标距端点上或标距处断裂，则试验结果无效，应重做试验。

任务三　钢筋冷弯试验

一、试验目的

通过冷弯试验,对钢筋塑性进行严格检验,也间接检定钢筋内部的缺陷及可焊性。

二、主要仪器设备

万能材料试验机、具有一定弯心直径的冷弯冲头等。

三、试验步骤

(1)按图8-3(a)调整试验机各种平台上支辊距离 L_1。d 为冷弯冲头直径,$d=na$,n 为自然数,其值大小根据钢筋级别确定。

(2)将试件按图8-3(a)安放好后,平稳地加荷,钢筋绕冷弯冲头弯曲至规定角度(180°或90°)后,停止冷弯[见图8-3(b)、图8-3(c)]。

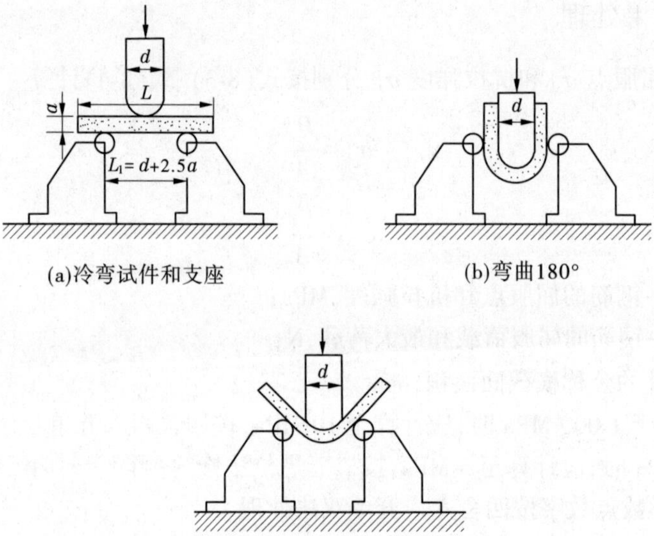

图8-3　钢筋冷弯试验装置示意

四、试验结果处理

在常温下,在规定的弯心直径和弯曲角度下对钢筋进行弯曲,检测两根弯曲钢筋的外表面,若无裂纹、断裂或起层,即判定钢筋的冷弯合格,否则冷弯不合格。

试验一　钢筋机械性能试验

一、试验目的

二、试验方法与步骤

三、试验要求

(1)测量断后标距的量具最小刻度值应不大于 0.1 mm。

(2)测力度盘的指针首次停止转动的恒定力对应的应力为屈服点应力。

(3)原则上只有断裂处与最接近的标距标记的距离不小于原始标距的 1/3 的情况方为有效,但断后伸长率大于或等于规定值时,不管断裂位置处于何处,测量均为有效。

四、试验记录

见钢筋试验原始记录。

五、试验结果处理

(1)试验出现下列情况之一时其试验结果无效,应重做同样数量试样的试验。

①试样断裂在标距外或断在机械刻划的标距标记上,而且断后伸长率小于规定最小值;

②试验期间设备发生故障,影响了试验结果。

(2)试验后试样出现两个或两个以上的颈缩以及显示出肉眼可见的冶金缺陷(例如分层、气泡、夹渣、缩孔等),应在试验记录和报告中注明。

试验二 钢筋冷弯性能试验

一、试验目的

二、试验方法与步骤

三、试验要求

(1)弯心直径必须符合有关标准的规定。

(2)试件长度 L=5 倍直径+150 mm。

(3)两支辊之间的净距离应等于弯心直径+2.1 倍直径。

四、试验记录

见钢筋试验原始记录。

五、结果计算与评定

应按照相关产品标准的要求评定弯曲试验结果。如没有具体要求,弯曲试验后试样弯曲外表面无肉眼可见裂纹应评定为合格。

钢筋试验原始记录

试验编号	试验日期	原件编号	强度等级规格	钢筋直径（mm）	公称横截面面积（mm^2）	原始标距（mm）	屈服点荷载（kN）	屈服点（MPa）	破坏荷载（kN）	抗拉强度（MPa）	断后标距（mm）	伸长率（%）	冷弯		结论	$\Delta_b-\Delta_s$	$\Delta-\Delta_{s标}$	试验
													$d=a$	结果				审核

项目九　石料试验*

块石等石料是水利工程建设中最基本的地方材料之一,其质量好坏将直接影响工程质量。对于工程中所用石料的质量判断,通常须进行密度、毛体积密度、吸水性、抗压强度等试验。本项目试验主要参照《公路工程岩石试验规程》(JTG 3431—2024)的相关规定介绍常用的密度、毛体积密度、吸水性和抗压强度等试验方法。

由于石料是质地不均匀的建筑材料,同一种类、同一产地的石料在性能上有可能差异很大,其性能很难保持一致。因此,必须遵循规范标准或地方管理部门的要求,选取具有代表性的试样。

在试验中常需将试样烘干至恒量,所谓恒量即在温度为(105±5)℃的烘箱内,烘干12~24 h,相邻两次称量差值不得大于0.05 g(或按试验精度要求)时的试样质量,相邻两次称量的间隔时间不得少于3 h。

任务一　石料密度试验

密度是指材料在绝对密实状态下单位体积的质量,以 g/cm^3 来表示。因为根据密度和表观密度可以计算石料的孔隙率,所以密度也是石料的基本性质指标。

由于石料内部一般均含有孔隙,为了获得绝对密实状态的试样,必须将石料磨成细粉,以排除其内部孔隙,再用排液置换法求出其绝对密实体积。

一、试验目的

通过试验测定石料的密度,为计算石料的孔隙率和密实度提供数据。

二、主要仪器设备

(1)李氏密度瓶(见图9-1):分度值0.1 mL。

(2)天平:感量0.001 g。

(3)轧石机、球磨机、研钵、筛子、温度计、恒温水槽、烘箱及干燥器、锥形玻璃漏斗等。

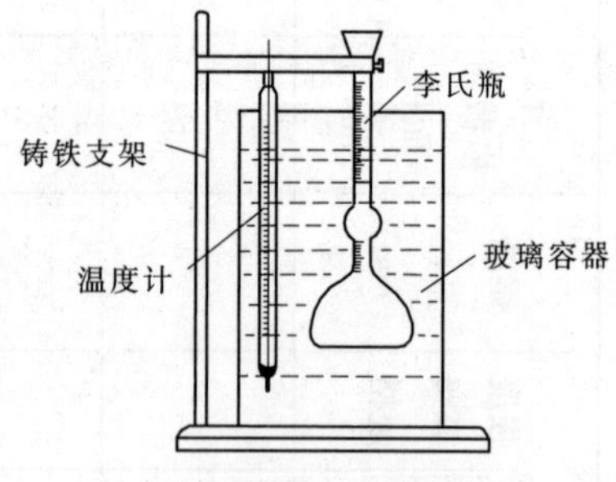

图9-1　李氏密度瓶装置图

三、试样制备

取代表性岩石试样在小型轧石机上初碎(或手工用钢锤捣碎),再置于球磨机中进一步磨碎,然后用研钵研细,使之全部粉碎成能通过0.315 mm筛孔的岩粉。

四、试验步骤

(1)将制备好的岩粉放在瓷皿中，置于105~110 ℃的烘箱中烘至恒量，烘干时间一般为6~12 h，然后再置于干燥器中冷却至室温(20±2)℃备用。

(2)用四分法取两份岩粉，每份试样从中称取15 g(m_1)，精确至0.001 g(本试验称量精度皆同)，用漏斗灌入洗净烘干的李氏密度瓶中，并注入试液至瓶的一半处，摇动密度瓶使岩粉分散。

(3)当使用洁净水作试液时，可采取沸煮法或真空抽气法排除气体。当使用煤油作试液时，应采取真空抽气法排除气体。采用沸煮法排除气体时，沸煮时间自悬液沸腾时算起不得少于1 h；采用真空抽气法排除气体时，真空压力表读数宜为100 kPa，抽气时间维持在1~2 h，直至无气泡逸出为止。

(4)将经过排除气体的密度瓶取出擦干，冷却至室温，再向密度瓶中注入排除气体且同温条件的试液，使接近满瓶，然后置于恒温水槽(20±2)℃内。待密度瓶内温度稳定，上部悬液澄清后，塞好瓶塞，使多余试液溢出。从恒温水槽内取出密度瓶，擦干瓶外水分，立即称其质量(m_3)。

(5)倾出悬液，洗净密度瓶，注入经排除气体并与试验同温度的试液至密度瓶，再置于恒温水槽内。待瓶内试液的温度稳定后，塞好瓶塞，将逸出瓶外试液擦干，立即称其质量(m_2)。

五、试验结果处理

(1)按下式计算密度(精确至0.01 g/cm³)：

$$\rho_t = \frac{m_1}{m_1 + m_2 - m_3} \times \rho_{wt} \tag{9-1}$$

式中　ρ_t——岩石的密度，g/cm³；

m_1——岩粉的质量，g；

m_2——密度瓶与试液的总质量，g；

m_3——密度瓶、试液与岩粉的总质量，g；

ρ_{wt}——与试验同温度试液的密度，g/cm³，洁净水的密度由相关资料可以查得，煤油的密度按下式计算：

$$\rho_{wt} = \frac{m_5 - m_4}{m_6 - m_4} \times \rho_w \tag{9-2}$$

式中　m_4——密度瓶的质量，g；

m_5——瓶与煤油的总质量，g；

m_6——密度瓶与经排除气体的洁净水的总质量，g；

ρ_w——经排除气体的洁净水的密度(由相关资料查得)，g/cm³。

(2)以两次试验结果的算术平均值作为测定值。如两次试验结果之差大于0.02 g/cm³，应重新取样进行试验。

任务二　石料的毛体积密度试验

毛体积密度是指在规定条件下,烘干岩石包括孔隙在内的单位体积固体材料的质量,以 g/cm^3 表示。毛体积密度是间接反映岩石的致密程度、孔隙发育程度的参数,也是评价工程岩体稳定性及确定围岩压力等必需的计算指标。岩石毛体积密度试验分为量积法、水中称量法和蜡封法。量积法适用于能制备成规则试件的各类岩石;水中称量法适应于遇水崩解、溶解和干缩湿胀外的其他各类岩石;蜡封法适用于不能用量积法或直接在水中称量进行试验的岩石。

一、量积法

(一)主要仪器设备

(1)游标卡尺:分度值0.02 mm。

(2)天平:感量0.01 g,称量大于500 g。

(3)切石机、钻石机、磨石机等岩石试件加工设备。

(4)烘箱、水中称量装置等。

(二)试件制备

采用圆柱体作为标准试件,直径为(50±2)mm、高径比为2:1。试件数量,同一含水状态,每组不得少于3个。

(三)试验步骤

(1)量测试件的直径或边长:用游标卡尺量测试件两端和中间三个断面上互相垂直的两个方向的直径或边长,按截面面积计算平均值。

(2)量测试件的高度:用游标卡尺量测试件断面周边对称的四个点(圆柱体试件为互相垂直的直径与圆周交点处;立方体试件为边长的中点)和中心点的五个高度,计算平均值。

(3)测定天然密度:应在岩样开封后,在保持天然湿度的条件下,立即加工试件和称量。测定后的试件,可作为天然状态的单轴抗压强度试验用的试件。

(4)测定饱和密度:试件的饱和过程及称量,应符合吸水性试验相关条款的规定。测定后的试件,可作为饱和状态单轴抗压强度试验用的试件。

(5)测定干密度:将试件放入烘箱内,控制在105~110 ℃温度下烘12~24 h,取出放入干燥箱内冷却至室温,称干试件质量。测定后的试件,可作为干燥状态单轴抗压强度试验用的试件。

(6)本试验称量精确至0.01 g,量测精确至0.01 mm。

(四)试验结果处理

(1)量积法岩石毛体积密度按下列公式计算:

$$\rho_0 = \frac{m_0}{V} \tag{9-3}$$

$$\rho_s = \frac{m_s}{V} \tag{9-4}$$

$$\rho_d = \frac{m_d}{V} \tag{9-5}$$

式中　ρ_0——天然密度，g/cm^3；

ρ_s——饱和密度，g/cm^3；

ρ_d——干密度，g/cm^3；

m_0——试件烘干前的质量，g；

m_s——试件强制饱和后的质量，g；

m_d——试件烘干后的质量，g；

V——岩石的体积，cm^3。

（2）毛体积密度试验结果精确至 0.01 g/cm^3，三个试件平行试验。组织均匀的岩石，毛体积密度应为三个试件测得结果的平均值；组织不均匀的岩石，毛体积密度应列出每个试件的试验结果。

二、水中称量法

（一）主要仪器设备

（1）游标卡尺：分度值 0.02 mm。

（2）天平：感量 0.01 g，称量大于 500 g。

（3）烘箱、水中称量装置等。

（二）试件制备

试件可采用规则或不规则形状，试件尺寸应大于组成岩石最大颗粒粒径的 10 倍，每个试件质量不宜小于 150 g。试件数量，同一含水状态，每组不得少于 3 个。

（三）试验步骤

（1）测天然密度时，应取有代表性的岩石制备试件并称量；测干密度时，将试件放入烘箱，在 105～110 ℃下烘至恒量，烘干时间一般为 12～24 h。取出试件置于干燥器内冷却至室温后，称干试件质量。

（2）将干试件浸入水中进行饱和，饱和方法可依岩石性质选用沸煮法或真空抽气法。试件的饱和过程及称量，应符合吸水性试验相关条款的规定。

（3）取出饱和浸水试件，用湿纱布擦去试件表面水分，立即称其质量。

（4）将试样放在水中称量装置的丝网上，称取试样在水中的质量（丝网在水中质量可事先用砝码平衡）。在称量过程中，称量装置的液面应始终保持同一高度，并记下水温。

（5）本试验称量精确至 0.01 g。

（四）试验结果处理

（1）水中称量法岩石毛体积密度按下列公式计算：

$$\rho_0 = \frac{m_0}{m_s - m_w} \times \rho_w \tag{9-6}$$

$$\rho_s = \frac{m_s}{m_s - m_w} \times \rho_w \tag{9-7}$$

$$\rho_d = \frac{m_d}{m_s - m_w} \times \rho_w \tag{9-8}$$

式中　m_w——试件强制饱和后在洁净水中的质量,g;

ρ_w——洁净水的密度,g/cm^3,由相关资料查得。

(2)毛体积密度试验结果精确至0.01 g/cm^3,三个试件平行试验。组织均匀的岩石,毛体积密度应为三个试件测得结果的平均值;组织不均匀的岩石,毛体积密度应列出每个试件的试验结果。

三、蜡封法

(一)主要仪器设备

(1)游标卡尺:分度值0.02 mm。

(2)天平:感量0.01 g,称量大于500 g。

(3)切石机、钻石机、磨石机等岩石试件加工设备。

(4)烘箱、石蜡及熔蜡设备等。

(二)试件制备

将岩样制成边长为40~60 mm的立方体试件,并将尖锐棱角用砂轮打磨光滑;或采用直径为48~52 mm的圆柱体试件。测定天然密度的试件,应在岩样拆封后,在设法保持天然湿度的条件下,迅速制样、称量和密封。试件数量,同一含水状态,每组不得少于3个。

(三)试验步骤

(1)测天然密度时,应取有代表性的岩石制备试件并称量;测干密度时,将试件放入烘箱,在105~110 ℃下烘至恒量,烘干时间一般为12~24 h,取出试件置于干燥器内冷却至室温。

(2)从干燥器内取出试件,放在天平上称量,精确至0.01 g。

(3)把石蜡装在干净铁盆中加热熔化,至稍高于熔点(一般石蜡熔点在55~58 ℃)。岩石试件可通过滚涂或刷涂的方法使其表面涂上一层厚度1 mm左右的石蜡层,冷却后准确称出蜡封试件的质量。

(4)将涂有石蜡的试件系于天平上,称出其在洁净水中的质量。

(5)擦干试件表面的水分,在空气中重新称取蜡封试件的质量,检查此时蜡封试件的质量是否大于浸水前的质量。如超过0.05 g,说明试件蜡封不好,洁净水已浸入试件,应取试件重新测定。

(四)试验结果处理

(1)蜡封法岩石毛体积密度按下列公式计算:

$$\rho_0 = \frac{m_0}{\dfrac{m_1 - m_2}{\rho_w} - \dfrac{m_1 - m_d}{\rho_N}} \tag{9-9}$$

$$\rho_d = \frac{m_d}{\frac{m_1 - m_2}{\rho_w} - \frac{m_1 - m_d}{\rho_N}} \tag{9-10}$$

式中　m_1——蜡封试件质量,g;

m_2——蜡封试件在洁净水中的质量,g;

ρ_N——石蜡的密度,g/cm³。

(2)毛体积密度试验结果精确至 0.01 g/cm³,三个试件平行试验。组织均匀的岩石,毛体积密度应为三个试件测得结果的平均值;组织不均匀的岩石,毛体积密度应列出每个试件的试验结果。

任务三　石料吸水性试验

石料的吸水性通常用吸水率及饱和吸水率表示。吸水率通常是指它在常温[(20±2)℃]常压条件下,石料试件最大的(浸水至饱和状态时)吸水质量占烘干试件质量的百分率。

一、试验目的

通过试验测定石料的吸水率,用以判断石料的孔隙率和风化程度,以及它在冻融交替、干湿变化过程中发生破坏的危险性,为判定石料耐久性提供依据。

二、主要仪器设备

(1)天平:感量 0.01 g,称量大于 500 g。

(2)切石机、钻石机、磨石机等岩石试件加工设备。

(3)烘箱、抽气设备(抽气机、水银压力计、真空干燥器、净气瓶)。

(4)沸煮水槽、烘箱等。

三、试样制备

(1)规则试样:试件尺寸直径为(50±2)mm、高径比为 2∶1。

(2)不规则试件:宜采用边长或直径为 40~50 mm 的浑圆形岩块。

(3)每组试件至少 3 个;岩石组织不均匀者,每组试件不少于 5 个。

四、试验步骤

(1)将试件放入温度为 105~110 ℃下烘至恒量,烘干时间一般为 12~24 h,取出试件置于干燥器内冷却至室温(20±2)℃,称其质量,精确至 0.01 g。

(2)将称量后的试件置于盛水容器内,先注水至试件高度的 1/4 处,以后每隔 2 h 分别注水至试件高度的 1/2 和 3/4 处,6 h 后将水加至高出试件顶面 20 mm,以利试件内空气逸出。试件全部被水淹没后再自由吸水 48 h。

(3)取出浸水试件,用湿纱布擦去试件表面水分,立即称其质量。

(4)试件强制饱和,任选如下一种方法:

用煮沸法饱和试件:将称量后的试件放入水槽,注水至试件高度的一半,静置2 h。再加水使试件浸没,煮沸6 h以上,并保持水的深度不变。煮沸停止后静置水槽,待其冷却,取出试件,用湿纱布擦去表面水分,立即称其质量。

用真空抽气法饱和试件:将称量后的试件置于真空干燥器中,注入洁净水,水面高出试件顶面20 mm,开动抽气机,抽气时真空压力需达100 kPa,保持此真空状态直至无气泡发生时为止(不少于4 h)。经真空抽气的试件应放置在原容器中,在大气压力下静置4 h,取出试件,用湿纱布擦去表面水分,立即称其质量。

五、试验结果处理

(1)按下式计算石料吸水率,试验结果精确至0.01%:

$$w_a = \frac{m_1 - m}{m} \tag{9-11}$$

式中 w_a——岩石吸水率(%);

m——烘至恒量时的试件质量,g;

m_1——吸水至恒量时的试件质量,g。

(2)对于组织均匀的试件,取3个试件试验结果的平均值作为测定值;对于组织不均匀的,则取5个试件试验结果的平均值作为测定值,并同时列出每个试件的试验结果。

任务四　石料抗压强度试验

石料的抗压强度以饱和试件受压破坏时单位面积上所承受的最大荷载表示。

一、试验目的

通过试验测定石料的抗压强度,为堆石、砌石工程的设计和施工提供基本依据。

二、主要仪器设备

(1)压力试验机:预计破坏荷载应在试验机全量程的20%~80%,示值相对误差不大于±2%,并在检验合格的1年期间内。

(2)游标卡尺(精度0.1 mm)、角尺、水槽、烘箱等。

三、试件制备

(1)建筑地基的岩石试验,采用圆柱体作为标准试件,直径为(50±2)mm、高径比为2:1。每组试件共6个。

(2)桥梁工程用的石料试验,采用立方体试件,边长直径为(70±2)mm。每组试件共6个。

(3)路面工程用的石料试验,采用圆柱体或立方体试件,其直径或边长和高均为(50±2)mm。每组试件共6个。

有显著层理的岩石，分别沿平行层理和垂直层理方向各取试件6个。试件上、下端面应平行和磨平，试件端面的平面度公差应小于0.05 mm，端面对于试件轴线垂直度偏差不应超过0.25°。

四、试验步骤

（1）用游标卡尺量取试件尺寸（精确至0.1 mm），对立方体试件在顶面和底面上各量取其边长，以各个面上相互平行的两个边长的算数平均值计算其承压面积；对于圆柱体试件在顶面和底面分别测量两个相互正交的直径，并以其各自的算术平均值分别计算底面和顶面的面积，取其顶面面积和底面面积的算术平均值作为计算抗压强度所用的截面面积。

（2）试件的含水状态可根据需要选择烘干状态、天然状态、饱和状态、冻融循环后状态。试件烘干及饱和状态应符合吸水性试验中的相关条款的规定，试件冻融循环后状态应符合抗冻性试验中相关条款的规定。

（3）按岩石强度性质，选定合适的压力机。将试件置于压力机的承压板中央，对正上、下承压板，不得偏心。

（4）以0.5~1.0 MPa/s的速率进行加荷直至破坏，记录破坏荷载及加载过程中出现的现象。抗压试件试验的最大荷载记录以N为单位，精度1%。

五、试验结果处理

（1）按下式计算石料的抗压强度：

$$R = \frac{P}{A} \tag{9-12}$$

式中　R——岩石的抗压强度，MPa；

P——试件破坏时的荷载，N；

A——试件的截面面积，mm^2。

（2）试验结果应同时列出每个试件的试验值及同组岩石单轴抗压强度的平均值；有显著层理的岩石，分别报告垂直层理与平行层理方向的试件强度的平均值。计算值精确至0.1 MPa。

项目十　土工合成材料试验

任务一　概　述

一、制样方法及引用标准

(一)制样原则

(1)每项试验的试样应从样品的长度和宽度两个方向上随机剪取,距样品的边缘应等于或大于 100 mm。

(2)试样应不含灰尘、折痕、孔洞、损伤部分和可见疵点。

(3)对同一项试验剪取两个以上的试样时,应避免它们位于同一纵向和横向位置上,即采用梯形取样法,如不可避免(如卷装、幅宽较窄),应在试验报告中注明情况。

(4)剪取试样时应满足精度要求。

(5)剪取试样前,应先有剪裁计划,再剪。

(6)对每项试验所用全部试样,应予以编号。

(二)适用范围

上述规定适用于各类土工织物、土工膜和土工复合品,但不包括土工格栅等专门用途制品。

二、试样调湿

(1)试样应置于温度为(20±2)℃、相对湿度为(60±10)%和标准大气压的环境中调湿 24 h。

(2)如果确认试样不受环境影响,则可省去调湿处理,但应在记录中注明试验时的温度和湿度。

三、算术平均值、标准差和变异系数的计算

(一)算术平均值

算术平均值 $\bar{x}$ 按式(10-1)计算:

$$\bar{x}=\frac{\sum_{i=1}^{n}x_i}{n} \tag{10-1}$$

式中　n ——试验次数;

x_i——第 i 块试样的测试值;

$\bar{x}$——n 块试样测试值的算术平均值。

（二）标准差

标准差 σ 按式（10-2）计算：

$$\sigma = \sqrt{\frac{\sum_{i=1}^{n}(x_i - \bar{x})^2}{n-1}} \tag{10-2}$$

式中符号意义同式（10-1）。

（三）变异系数

变异系数 C_v 按式（10-3）计算：

$$C_v = \frac{\sigma}{\bar{x}} \times 100\% \tag{10-3}$$

式中符号意义同式（10-1）、式（10-2）。

任务二　单位面积质量的测定

一、试验目的和适用范围

通过试验，测定土工合成材料单位面积的质量，用以评定土工合成材料的质量。本试验适用于各类土工织物、土工膜和土工复合品。

二、试验设备及用具

（1）剪刀。

（2）尺，最小分度值为 1 mm。

（3）天平，感量 0.01 g。

三、操作步骤

（一）试样准备

（1）按相关规程规定裁剪试样。

（2）试样面积应不小于 100 cm^2，试样长度和宽度的裁剪与测量读数应精确至 1 mm。

（3）试样数量应不少于 10 块，并进行编号。

（二）称量

将裁剪好的试样按编号顺序逐一在天平上称量，读数应精确至 0.01 g。

四、试验结果处理

每块试样的单位面积质量 G 按式（10-4）计算：

$$G = \frac{m}{A} \tag{10-4}$$

式中　G——试样单位面积质量，g/m^2；

m——试样质量，g；

A——试样面积,m^2。

任务三　厚度测定

一、试验目的和适用范围

通过试验,测定出一定压力下土工合成材料的厚度,为应用土工合成材料提供依据。本试验适用于各类土工织物、土工膜和土工复合品。

二、试验设备及用具

(1)基准板:直径应大于压块直径 50 mm,见图10-1。

(2)压块:表面光滑平整,底面积为25 cm^2,重为5 N的圆形压块。压块放在试样上,对试样施加(2±0.01)kPa的压力。

(3)加压仪:出力大于500 N。

(4)百分表:最小分度值0.01 mm。

(5)秒表:最小分度值0.1 s。

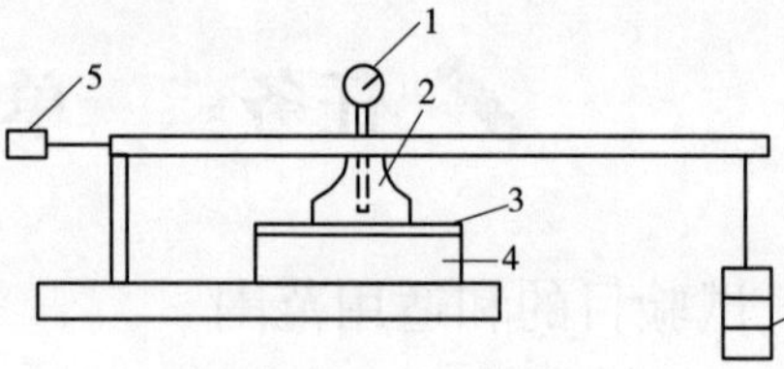

1—百分表;2—压块;3—试样;
4—基准板;5—平衡锤;6—砝码

图10-1　厚度测定仪

三、操作步骤

(一)试样准备

(1)按本规程相关的规定裁剪试样。

(2)试样数量应不少于10块,并进行编号。

(二)测定2 kPa压力下厚度的操作方法

(1)擦净基准板和压块,将压块放在基准板上,调整百分表为零点。

(2)提起压块,将试样自然平放在基准板与压块之间,轻轻放下压块,试样受力为(2±0.01)kPa,接触后开始计时,达30 s时记录百分表读数。提起压块,取出试样。

(3)重复上述步骤,测试完10块试样。

(三)测定20 kPa及200 kPa压力下厚度的操作方法

(1)将基准板放在加压仪上,再将压块放在基准板上,调整百分表为零点。

(2)提起压块,将试样自然平放在基准板和压块之间,轻轻放下压块,调节加压仪上荷重,使试样受力达(20±0.1)kPa,压力加上后开始计时,达30 s时记录百分表读数。

(3)仍按上述步骤调节加压仪上荷重,试样受力达(200±1) kPa,压力加上后开始计时,达30 s时记录百分表读数。

(4)重复上述步骤(2)、(3),测试完10块试样。

四、试验结果处理

按规定分别计算每种压力下 10 块试样厚度的算术平均值 $\bar{x}$、标准差 σ 及变异系数 C_v。

任务四　水平渗透试验*

水平渗透试验就是测定水平渗透系数和导水率。水平渗透系数是水流沿土工织物平面水力梯度等于 1 时的渗透流速。导水率是指水力梯度等于 1 时的水流沿土工织物平面单位宽度内输导的水量。

一、试验目的和适用范围

通过试验，检测土工织物在常水头水流下的水平渗透系数和导水率，评定土工织物的水平渗透性能。本试验适用于水平方向具有输水能力的各类土工织物和土工复合品。

二、试验设备及用具

(1)试样容器：应密封不漏水，有两种形式，见图 10-2。

(2)上下游水位容器：水位容器应能调节水位，并在试验过程中水位差保持不变，水位容器高度应满足水力梯度大于 1.0。

(3)加荷装置：施加于试样的法向压力范围宜为 10~250 kPa，并在试验过程中保持恒压，对于直接加荷型，在试样上下面应放置塑料橡胶垫层，使荷载均匀施加于整个宽度和长度上，且橡胶垫层应无水流通道。

(4)其他用具：秒表、量筒、水桶、温度计等。

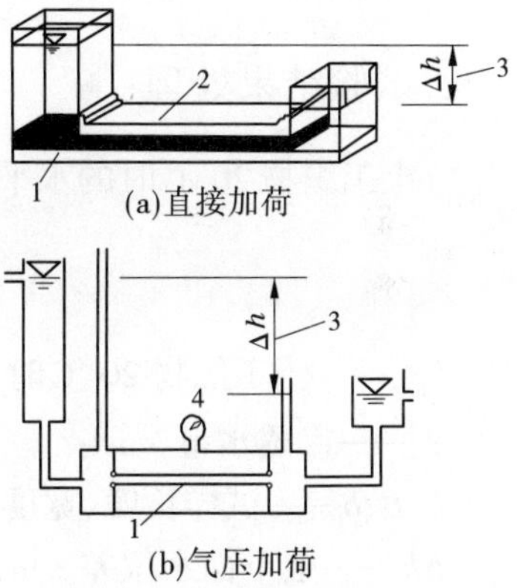

1—试样；2—加荷板；
3—水位差；4—压力表

图 10-2　水平渗透仪示意图

三、试验准备

(一)试验用水

试验用水应为脱气水或蒸馏水。

(二)试样准备

(1)按相应规定裁剪试样。

(2)试样数量和尺寸：①分别裁剪顺机向和横机向试样各 3 块，当试样较薄时，应取 2

层或3层试样重叠为一组进行试验,这时应相应各裁剪6块或9块试样;②试样宽度应大于100 mm,长度应大于2倍宽度。

四、操作步骤

(1)将试样包封在乳胶膜或橡皮套内,试样应平整无褶皱,周边应无渗漏,对于直接加荷型,应仔细安装试样上下垫层,使试样承受均匀法向压力。

(2)施加2~5 kPa的压力,使试样就位,随即向水位容器内注入脱气水,排走试样内的气泡。试验过程中试样应饱和。

(3)按现场条件选用水力梯度,当情况不明时,选用水力梯度不大于1.0。

(4)按现场条件或设计要求选择法向压力,至少进行三种压力的试验,分别为稍大于设计值、等于设计值和稍小于设计值。

(5)对试样施加最小一级法向压力,持续15 min。

(6)抬高容器的水位,使其达到要求的水力梯度。

(7)在水流稳定后,测读通过500 cm^3 渗透水量的时间,或记录15 min内通过的水量。每个水力梯度下平行测定3次。

(8)换一种水力梯度,重复步骤(6)、(7)。

(9)增大法向压力,重复步骤(5)~(8),对其余法向压力下的试验进行完毕。

五、试验结果处理

(1)土工织物20 ℃时的水平渗透系数 k_{h20} 按式(10-5)计算:

$$k_{h20} = \frac{WL}{\delta B t \Delta h}\frac{\eta_t}{\eta_{20}} \tag{10-5}$$

式中 k_{h20}——土工织物20 ℃时水平渗透系数,cm/s;

W——渗透水量,cm^3;

L、B、δ——试样长度、宽度和厚度,cm;

Δh——上下面水位差,cm;

t——通过水量 W 的历时,s;

η_t——试验水温 T(℃)时水的动力黏滞系数,kPa·s;

η_{20}——20 ℃时水的动力黏滞系数,kPa·s。

水的动力黏滞系数比 η_t/η_{20} 参见相关规范。

(2)土工织物20 ℃时的导水率 θ_{20} 按式(10-6)计算:

$$\theta_{20} = k_{h20}\delta \tag{10-6}$$

式中 θ_{20}——土工织物20 ℃时的导水率,cm^2/s;

其他符号意义同前。

(3)计算各个法向压力下的平均水平渗透系数和平均导水率。

任务五　条样法拉伸试验

条样法抗拉强度是指试样拉伸时能承受的最大拉力,发生在断裂时或断裂前。

一、试验目的和适用范围

通过试验,检测条带试样的拉伸强度和延伸率,并评定其质量。本试验适用于各类土工织物、土工膜和土工复合品。

二、试验设备及用具

(1)拉力机:应具有等速拉伸功能,并能测读拉伸过程中试样的拉力和伸长量,记录拉力—伸长量曲线。

(2)夹具:一对可夹持试样的夹具,钳口面应能防止试样在钳口内打滑,并能防止试样在钳口内被夹坏。两个夹具中的一个支点应能自由转动或为万向接头,保证两夹具在一个平面内。

①宽条试样有效宽度为 200 mm,夹具实际宽度应不小于 210 mm。

②窄条试样有效宽度为 50 mm,夹具实际宽度应不小于 60 mm。

(3)量测设备:

①荷载批示值或记录值的误差应不大于相应实际荷载的 2%。

②伸长量的测量设备读数应精确至 1 mm。

③可绘制试样的拉力—伸长量曲线。

三、试样准备

(1)按相关规程规定裁剪试样。

(2)纵向和横向试样分别应不少于 6 块。

(3)试样尺寸:

①宽条试样:裁剪试样宽度为 200 mm,长度至少为 200 mm,实际长度视夹具而定,必须有足够的长度使试样伸出夹具,试样计量长度为 100 mm。对于编织型土工织物,裁剪试样宽度为 210 mm,在两边抽去大约相同数量的边纱,使试样宽度达到 200 mm。

②窄条试样:裁剪试样宽度为 50 mm,长度至少为 200 mm,必须有足够长度的试样伸出夹具,试样计量长度为 100 mm。对编织型土工织物,裁剪试样宽度为 60 mm,在两边抽去大约相同数量的边纱,使试样宽度达到 50 mm。

③除测干态抗拉强度外,还需测湿态强度时,应裁剪两倍试样的长度,然后一剪为二,一块测干强度,另一块测湿强度。

四、操作步骤

(1)准备好干、湿试样。湿态试样从水中取出至上机拉伸的时间间隔应不大于 10 min。

(2)将两夹具的初始间距调至100 mm。

(3)选择拉力机的负荷满量程范围,使试样的最大断裂力在满量程的10%~90%,设定拉伸速率为200 mm/min。

(4)将试样对中放入夹具内。为方便对中,事先在试样上画垂直于拉伸方向的、两条相距100 mm的平行线,使两条线尽可能贴近上下夹具的边缘。

(5)开动拉力机,同时启动记录装置,记录拉力—伸长量曲线,连续运转直至试样破坏,停机。

若试样在夹钳中滑移或超过四分之一的试样断裂在距夹钳口5 mm范围内,可采取下列措施:

①给夹钳加衬垫;

②对夹在钳口面内的试样加以涂层;

③修改钳口表面。

(6)重复步骤(4)、(5),对其余试样进行试验。

五、试验结果处理

(1)抗拉强度 T_s 按式(10-7)计算:

$$T_s = \frac{P_f}{B} \tag{10-7}$$

式中 T_s——抗拉强度,kN/m;

P_f——实测最大拉力,kN

B——试样宽,m。

(2)延伸率 ε_p 按式(10-8)计算:

$$\varepsilon_p = \frac{L_f - L_o}{L_o} \times 100\% \tag{10-8}$$

式中 ε_p——延伸率(%);

L_o——试样计量长度,mm;

L_f——最大拉力时的试样长度,mm。

(3)按相关规程规定分别计算抗拉强度及延伸率的平均值 $\bar{x}$、标准差 σ 及变异系数 C_v。

任务六 撕裂试验

撕裂强度是指试样沿规定的切缝逐渐扩展裂口至整个试样的过程中出现的最大撕裂力。

一、试验目的和适用范围

通过试验,测定土工织物的撕裂力,并评定土工织物的质量。本试验适用于各类土工织物。

二、试验设备

(1)拉力机:应符合相关规程的规定。

(2)夹具:应符合相关规程的规定。试样尺寸见图 10-3,夹具宽度不小于 84 mm,宽度方向垂直于力的作用方向。

(3)梯形模板:用于剪样,见图 10-3(a)。

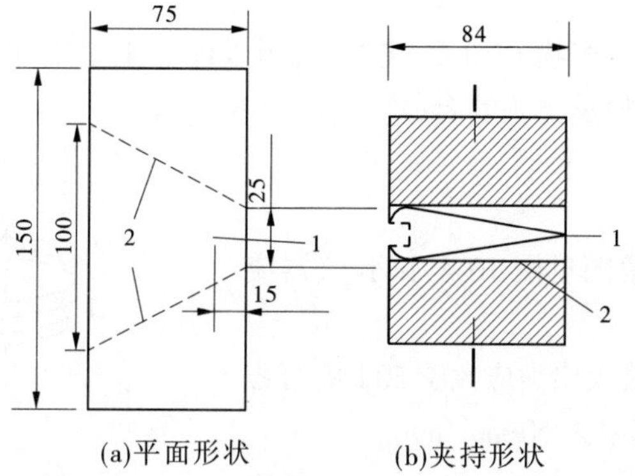

1—切缝;2—夹持线

图 10-3　梯形撕裂试样　(单位:mm)

三、试样准备

(1)按相关规程的规定裁剪试样。

(2)测定纵向撕裂力时,试样切缝应剪断纵向纱线;测定横向撕裂力时,试样切缝应剪断横向纱线。

(3)纵向和横向试样分别应取 10 块试样。

四、操作步骤

(1)准备好干、湿试样。对于湿态试样,应符合相关规程的规定。

(2)将拉力夹具的初始距离调整为 25 mm,设定拉力机负荷满量程范围,使最大撕裂力在满量程的 10%~90%,设定拉伸速率为 100 mm/min。

(3)将试样放入夹具内,使试样梯形的两腰与夹具边缘齐平。梯形的短边平整绷紧,其余部分呈褶皱叠合状,见图 10-3(b)。

(4)开动拉力机,并记录撕裂力,取最大值作为撕裂强度,单位为 N。当试样在钳口内打滑或被钳口夹坏,按相关规程的规定处理。

(5)重复步骤(3)、(4),对其余试样进行试验。

五、试验结果处理

(1)撕裂强度 T_T 为计算全部试样最大撕裂力的平均值,单位为 N。

(2)按相应规程的规定,分别计算撕裂强度的标准差 σ 和变异系数 C_v。

任务七　CBR 顶破试验*

CBR 顶破强度是指用一直径为 50 mm 的圆柱顶杆垂直顶入试样过程中的最大顶压力。

一、试验目的和适用范围

通过试验,测定土工织物 CBR 顶破强度,用以评定土工织物的质量。本试验适用于各类型土工织物、土工膜及土工复合品。

二、试验设备

CBR 顶破试验示意图见图 10-4,试验仪器应符合下列规定:

(1)CBR 试验仪:最大出力应大于 50 kN,行程应大于 150 mm,顶压速率为 60 mm/min。

(2)环形夹具:夹具内径为 150 mm,夹具中心应在圆柱顶压杆的轴线上。

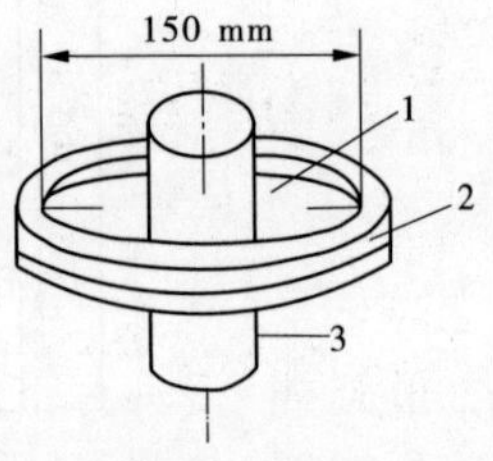

1—试样;2—环形夹具;3—顶压杆

图 10-4　CBR 顶破试验示意图

三、试样准备

(1)按相关规程的规定裁剪试样。

(2)每组试验应取 6~10 块试样,试样直径为 230 mm。

四、操作步骤

(1)将试样放入环形夹具内,呈自然绷紧状态时拧紧夹具。

(2)将夹具放在加压系统的底座上,调整高度,使试样与顶杆刚好接触。

(3)将顶压速率设定为 60 mm/min,开动机器。

(4)记录顶压过程中顶力—变形曲线,直至试样破坏,读出最大顶力。

(5)停机,取下已破坏试样。

(6)重复步骤(1)~(5),对其余试样进行试验。

五、试验结果处理

(1)CBR 顶破强度 T_c:计算全部试样最大顶力的平均值,单位为 N。

(2)按相关规程的规定计算全部试样标准差 σ 和变异系数 C_v。

第二篇 习 题

项目一 建筑材料的基本性质

一、名词解释

1. 表观密度

2. 含水率

3. 比强度

4. 软化系数

5. 抗冻等级 F50

6. 抗渗等级 P8

二、填空题

1. 大多数建筑材料均应具备的性质,即材料的__________。
2. 材料的________、________及__________是决定材料性质的基本因素。
3. 建筑材料按化学性质分为三大类:__________ 、__________、__________。
4. 建筑材料的技术性质主要有:__________、__________、__________。

5. 当水与材料接触时,沿水滴表面作切线,此切线和水与材料接触面的夹角,称__________。

6. 材料吸收水分的能力,可用吸水率表示,一般有两种表示方法:____________和__________。

7. 材料在水作用下,保持原有性质的能力,称________,用_______表示。

8. 材料抵抗压力水渗透的性质称________,用_______或_______表示。

9. 材料抗渗性大小与________和________有关。

10. 材料的变形特征有两种类型:________和________。

11. 根据材料被破坏前塑性变形显著与否,将材料分为________与________两大类。

三、判断题

1. 材料的抗冻性与材料的孔隙特征有关,而与材料的吸水饱和程度无关。 ( )
2. 材料的软化系数愈大,材料的耐水性愈好。 ( )
3. 材料的渗透系数愈大,其抗渗性愈好。 ( )
4. 材料的导热系数愈大,其保温性能愈好。 ( )
5. 材料的比强度愈大,愈轻质高强。 ( )

四、单项选择题

1. 保温效果好的材料,其( )。
   A. 热传导性要小,热容量要小　B. 热传导性要大,热容量要小
   C. 热传导性要小,热容量要大　D. 热传导性要大,热容量要大
2. 孔隙率增大时,材料的( )降低。
   A. 密度　B. 表观密度　C. 憎水性　D. 抗冻性
3. 含水率为10%的湿砂220 g,其中水的质量为( )。
   A. 19.8 g　B. 22 g　C. 20 g　D. 20.2 g
4. 下列概念中,( )表示材料的耐水性。
   A. 质量吸水率　B. 体积吸水率　C. 渗透系数　D. 软化系数
5. 下述导热系数中最小的是( )。
   A. 水　B. 冰　C. 空气　D. 木材
   E. 发泡塑料
6. 下述材料中比热容最大的是( )。
   A. 木材　B. 石材　C. 钢材　D. 水
7. 按材料比强度高低排列正确的是( )。
   A. 木材、石材、钢材　B. 石材、钢材、木材
   C. 钢材、木材、石材　D. 木材、钢材、石材

五、多项选择题

1. 材料吸水率的大小取决于材料的( )。

A. 孔隙率大小　B. 孔隙的构造特征　C. 形状尺寸
D. 密度　E. 表面粗糙程度

2. 同种类的几种材料进行比较时,表观密度大者,其(　　　　)。
A. 强度低　B. 强度高　C. 比较密实
D. 孔隙率大　E. 保温隔热效果好

3. 下列属于力学性质的是(　　　　)。
A. 强度　B. 硬度　C. 弹性
D. 脆性　E. 比强度

4. 下列材料中,属于复合材料的是(　　　　)。
A. 钢筋混凝土　B. 沥青混凝土　C. 建筑石油沥青
D. 建筑塑料　E. 有机纤维石膏板

六、简答题

1. 生产材料时,在组成一定的情况下,可采取什么措施来提高材料的强度和耐久性?

2. 写出密度、表观密度、堆积密度的定义,并说明其不同点。

七、计算题

1. 某岩石在气干、绝干、水饱和状态下测得的抗压强度分别为 172 MPa、178 MPa 、168 MPa。该岩石可否用于水下工程?

2. 已知卵石的表观密度为 2.6 g/cm^3,把它装入一个 2 m^3 的车厢内,装平时共用 3 500 kg,求该卵石的空隙率。若用堆积密度为 1 500 kg/m^3 的砂子填充上述车内卵石的全部空隙,共用多少砂子?

项目二 气硬性胶凝材料

一、名词解释

1. 气硬性胶凝材料

2. 水硬性胶凝材料

3. 石灰膏

4. 消石灰粉

5. 石灰“陈伏”

二、填空题

1. 石灰在使用前必须经过消解处理,消解过程中的特征是________和________。

2. 熟石灰的硬化,是由__________和__________作用而硬化,硬化时____________,所以它不能单独使用,必须掺入填充料(砂、纤维等)。

3. 建筑石膏凝结硬化的速度________,硬化后孔隙率__________,强度__________,导热系数__________,耐水性__________,体积有__________。

三、判断题

1. 无机胶凝材料又称为矿物胶凝材料。 ( )

2. 石膏既耐热又耐火。 ( )

3. 石灰熟化的过程又称为石灰的消解。 ( )

4. 石灰膏在储液坑中存放两周以上的过程称为“淋灰”。 ( )

5. 石灰浆体的硬化按其作用分为干燥作用和碳化作用,碳化作用仅限于表面。 ( )

四、单项选择题

1. 石灰的保质期不宜超过(　　)。
   A. 1 个月　　B. 2 个月　　C. 3 个月　　D. 6 年
2. 建筑石膏凝结硬化快,硬化后体积(　　)。
   A. 收缩　　B. 微膨胀　　C. 不变　　D. 大量膨胀
3. 硬化后的水玻璃不仅强度高,而且耐酸性和(　　)好。
   A. 耐久性　　B. 耐热性　　C. 抗冻性　　D. 耐腐蚀性
4. 关于生石灰生产的说法不正确的是(　　)。
   A. 在石灰的生产过程中,应根据原材料的情况严格控制煅烧温度和煅烧时间
   B. 温度过高或时间过长,会引起局部隆起和开裂而影响工程质量
   C. 煅烧温度过低或时间不够,会降低石灰质量和利用率
   D. 将块状生石灰磨细可得到熟石灰
5. 建筑石膏不具有(　　)。
   A. 调温、调湿性　　B. 耐火性　　C. 吸声性　　D. 保温性

五、工程案例分析

1. 某建筑队用石灰砂浆砌筑农田水库,刚完工即行蓄水,不久石坝漏水严重,不能继续使用。试分析事故原因,并提出改进意见。

2. 使用石灰砂浆作为内墙粉刷材料,过了一段时间后,出现了凸出的、呈放射状的裂缝,试分析原因。

项目三 水 泥

一、名词解释

1. 硅酸盐水泥

2. 体积安定性

3. 水化热

4. 活性混合材料

5. 初凝时间

二、填空题

1. 硅酸盐系水泥有________、________、________、________、________、________等六大水泥。

2. 影响水泥凝结硬化快慢的因素有________、________、________、________等四方面。

3. 矿渣水泥与硅酸盐水泥比较有如下特点:早期强度________,后期强度________,耐腐蚀能力________,水化热________,耐热性________等。

4. 生产水泥时常用的活性混合材料有________、________和________。

5. 防止水泥石腐蚀的措施有________、________、________。

三、判断题

1. 水泥为气硬性胶凝材料。 ( )

2. 水泥的硬化过程是从加水拌和至形成水泥石。 ( )

3. 生产水泥的最后阶段还要加入石膏,主要是为调整水泥的凝结时间。 ( )

4. 体积安定性不合格的水泥属于废品,不得使用。 ( )

5. 硅酸盐水泥因其耐腐蚀性好、水化热高，故适宜建造混凝土桥墩。（　　）
6. 因硅酸盐水泥的耐磨性好，且干缩小，表面不易起粉，可用于地面或道路工程。（　　）
7. 一般磨细的活性混合材料与水拌和后，不会产生水化及凝结硬化。（　　）
8. 硫铝酸盐系列水泥泌水性大，所以应加大水灰比。（　　）
9. 高铝水泥在使用时应避免与硅酸盐类水泥混杂使用。（　　）
10. 硫铝酸盐系列水泥不能与其他品种水泥混合使用。（　　）

四、单项选择题

1. 国家标准规定，六大水泥的初凝时间不得短于（　　）min。
　A. 30　　B. 40　　C. 45　　D. 90
2. 当水泥的细度不能达标时，该水泥应（　　）。
　A. 可以使用　　B. 以废品论　　C. 以不合格品论　　D. 降级使用
3. 以下水泥中活性混合材料含量最多、耐腐蚀性最好、最稳定的是（　　）。
　A. P. S　　B. P. P　　C. P. F　　D. P. O
4. 以下工程适合用硅酸盐水泥的是（　　）。
　A. 大体积混凝土工程　　B. 受海水及化学侵蚀的工程
　C. 耐热混凝土工程　　D. 早期强度要求较高的浅工程
5. 某工程中用普通水泥配制的混凝土，产生了裂纹，试分析下列原因中哪个不正确。（　　）。
　A. 混凝土因水化后体积膨胀开裂　B. 因干缩变形而开裂
　C. 水泥体积安定性不良　　D. 没及时养护

五、多项选择题

1. 引起水泥安定性不合格的原因有（　　）。
　A. 熟料游离氧化钙过多　　B. 熟料中游离氧化镁过多
　C. 二氧化硅含量过量　　D. 加入的石膏过多
2. 硅酸盐水泥强度等级较高，常用于（　　）。
　A. 高强度混凝土工程　　B. 受海水和矿物水作用的工程
　C. 大体积混凝土工程　　D. 预应力混凝土工程
3. 国标规定，水泥技术要求中，（　　）不符合要求时，均为不合格品。
　A. 细度　　B. 初凝时间　　C. 终凝时间
　D. 体积安定性　　E. 烧失量
4. 测定水泥的凝结时间的目的是（　　）。
　A. 评价水泥是否合格　　B. 确定水泥浆稠度
　C. 指导混凝土施工　　D. 评价水泥体积安定性
5. 大体积内部混凝土可选用（　　）。
　A. 硅酸盐水泥　　B. 普通水泥　　C. 矿渣水泥　　D. 粉煤灰水泥

六、工程案例分析

1. 有下列混凝土构件或工程,请分别选用合适的水泥,并说明选用的理由:

(1)现浇楼板、梁、柱。

(2)采用蒸汽养护的预制构件。

(3)紧急抢修的工程或紧急军事工程。

(4)大体积混凝土工程。

(5)有硫酸盐侵蚀的混凝土工程。

(6)高炉基础。

(7)海港码头工程。

(8)严寒地区受到反复冻融作用的混凝土工程。

2. 工地仓库内存有三种白色胶凝材料,它们是生石灰粉、建筑石膏和白水泥,有什么简易方法可辨认?

七、计算题

进场42.5级普通硅酸盐水泥,送实验室检验,其28 d强度测定结果如下:抗折强度:6.62 MPa、6.58 MPa、6.60 MPa;抗压强度:33.75 MPa、33.44 MPa、35.0 MPa、32.5 MPa、34.12 MPa、33.75 MPa。试确定水泥的强度代表值,并根据上述试验结果,判断该批水泥的强度等级是否合格?为什么?

项目四　混凝土

一、名词解释

1. 和易性

2. 施工配合比

3. 水胶比

4. 合理砂率

5. 最大粒径

二、填空题

1. 水泥混凝土按表观密度可分为________、________和________。

2. 工程中常用________说明砂的粗细程度，常用________法测定。

3. 碎石或卵石的强度可用________和________表示。

4. 新拌混凝土的流动性可用______和维勃稠度来表示；对于坍落度值小于________的干硬性混凝土拌和物，应采用维勃稠度法测定。

5. 混凝土的强度等级是按________确定的，钢筋混凝土结构设计中，对于轴心受压结构，需采用混凝土的________强度作为设计依据。

6. 掺______可以减少混凝土用水量，提高混凝土的强度、耐久性，节约水泥；掺______可加速混凝土早期强度的发展，而对后期强度无明显影响；掺______可改善混凝土拌和物的和易性，显著提高混凝土的耐久性，但强度有所降低。

7. 混凝土中掺入引气剂后，可明显提高抗渗性和________。

8. 混凝土的养护条件主要指混凝土成型后养护的________和________。

9. 在混凝土配合比设计中，通过________、________两个方面控制混凝土的耐久性。

10. 混凝土配合比设计的三个参数是______、______和______。

11. 拌制混凝土的过程中,混凝土外加剂的掺量一般不超过水泥质量的______%。

12. 骨料的含水状态可分为______、______、______和______,计算普通混凝土的配合比时,一般以______状态的骨料为基准。

13. 实践证明,当砂、石品种和用量一定时,混凝土拌和物的流动性主要取决于______的多少。即使______用量有所变动,混凝土拌和物的______也基本上保持不变。

14. ______和______是决定混凝土强度最主要的因素。

三、判断题

1. 因为卵石表面光滑,拌制的混凝土和易性好,因此在相同条件下卵石混凝土的强度较碎石混凝土高。 (　　)

2. 配制中等强度等级以下的混凝土时,在条件允许的情况下应尽量采用最大粒径的粗骨料。 (　　)

3. 间断级配能降低骨料的空隙率、节约水泥,故在建筑工程中应用较多。 (　　)

4. 因水资源短缺,所以应尽可能采用污水和废水养护混凝土。 (　　)

5. 测定混凝土拌和物流动性时,坍落度法比维勃稠度法更准确。 (　　)

6. 选择坍落度的原则应当是在满足施工要求的条件下,尽可能采用较小的坍落度。 (　　)

四、单项选择题

1. 某砂的细度模数 $M_x = 2.67$,则该砂为(　　)。

A. 粗砂　　B. 中砂　　C. 细砂　　D. 特细砂

2. 施工所需要的混凝土拌和物的坍落度的大小主要根据(　　)来选取。

A. 水灰比和砂率　　B. 水灰比和捣实方式

C. 骨料的性质、最大粒径和级配　　D. 构件的截面尺寸大小、钢筋疏密、施工方式

3. (　　)情况下,混凝土的干缩率越大。

A. 水泥颗粒越粗　　B. 砂石含量越高

C. 水灰比越大　　D. 混凝土单位用水量越小

4. 普通混凝土的表观密度接近于一个恒定值,约为(　　)kg/m^3。

A. 1 900　　B. 2 400　　C. 2 600　　D. 3 000

5. 用高强度等级的水泥配制低强度等级混凝土时,需采取(　　)措施,才能保证工程的技术经济要求。

A. 减小砂率　　B. 掺混合材料

C. 增大粗骨料的粒径　　D. 适当提高拌和物水灰比

6. 喷射混凝土必须加入的外加剂是(　　)。

A. 早强剂　　B. 减水剂

C. 引气剂　　D. 速凝剂

7. 混凝土拌和物的和易性好坏，不仅直接影响工人浇筑混凝土的效率，而且会影响（　　）。

A. 混凝土硬化后的强度　　B. 混凝土密实度

C. 混凝土耐久性　　D. 混凝土密实度、强度、耐久性

8. 立方体抗压强度标准值是混凝土抗压强度总体分布中的一个值，强度低于该值的百分率不超过（　　）。

A. 15%　　B. 10%　　C. 5%　　D. 95%

9. 采用（　　），可提高混凝土强度。

A. 蒸汽养护　　B. 早强剂

C. 快硬水泥　　D. 较大的水灰比

10. 当混凝土拌和物流动性偏小时，应采用（　　）的办法来调整。

A. 保持水灰比不变的情况下，增加水泥浆数量　　B. 加适量水

C. 延长搅拌时间　　D. 加氯化钙

五、多项选择题

1. 混凝土的水灰比是根据（　　）要求确定的。

A. 强度　　B. 和易性　　C. 耐久性　　D. 流动性

2. 配合比应同时满足混凝土（　　）等项基本要求。

A. 强度　　B. 耐久性　　C. 和易性　　D. 经济性

3. 设计混凝土配合比时，配制强度要比设计要求的强度等级高些，提高幅度的多少，取决于（　　）。

A. 设计要求的强度保证率　　B. 水灰比

C. 施工水平的高低　　D. 水泥强度等级

4. 试拌混凝土时，调整混凝土拌和物的和易性，可采用调节（　　）的方法。

A. 拌和用水量　　B. 砂率

C. 水泥用量　　D. 水泥浆量

5. （　　）过程会发生收缩变形。

A. 混凝土碳化　　B. 石膏硬化

C. 石灰硬化　　D. 混凝土失水

六、工程案例分析

1. 在试拌混凝土时出现下列情况，拌和物和易性达不到要求，问应采取什么措施来改善？

（1）混凝土拌和物黏聚性、保水性均好，但坍落度太小；

(2)混凝土拌和物坍落度超过原设计要求,保水性较差,且用棒敲击一侧时,混凝土产生局部崩坍。

2. 在进行混凝土抗压试验时,下述情况下,强度试验值有无变化?如何变化?

(1)试件尺寸加大;

(2)试件高宽比加大;

(3)试件受压表面加润滑剂;

(4)试件位置偏离支座中心;

(5)加荷速度加快。

3. 某工地施工人员拟采用下述几个方案提高混凝土拌和物的流动性,试问哪些方案可行?哪些不可行?并简要说明理由。

(1)可加些水;

(2)保持水灰比不变,适当增加水泥浆量;

(3)加入 $CaCl_2$;

(4)掺入减水剂;

(5)适当加强机械振捣。

4. 下列工程的混凝土宜掺入哪类外加剂?
(1)早期强度要求高的钢筋混凝土;

(2)抗渗要求高的混凝土;

(3)大坍落度的混凝土;

(4)炎热夏季施工,且运距过远的混凝土。

5. 粉煤灰掺入混凝土中具有哪些效应?可改善混凝土的哪些性质?掺用方式有哪三种?

6. 现场浇筑混凝土时,禁止施工人员随意向混凝土拌和物中加水,试从理论上分析加水对混凝土质量的危害。它与成型后的洒水养护有无矛盾?为什么?

七、计算题

1. 设计要求的混凝土强度等级为C20,要求强度保证率$P=95\%$。

(1)当强度标准差$\sigma=5.5$ MPa时,混凝土配制强度应为多少?

(2)若提高施工质量管理水平,$\sigma=3.0$ MPa时,混凝土配制强度又为多少?

(3)若采用42.5级水泥、卵石、用水量180 L,试问混凝土标准差从5.5 MPa降至3.0 MPa,每立方米混凝土可节约多少水泥?

2. 混凝土拌和物经试拌调整后,和易性满足要求,试拌材料用量为:水泥4.5 kg,水2.7 kg,砂9.9 kg,碎石18.9 kg。实测混凝土拌和物体积密度为2 400 kg/m^3。

(1)试计算每立方米混凝土各项材料用量为多少?

(2)假定上述配合比可以作为实验室配合比。如施工现场砂的含水率为4%,石子含水率为1%,求施工配合比。

3. 某混凝土的实验室配合比为 1∶2. 1∶4. 3(水泥∶砂∶石子)，$W/C=0.54$。已知水泥密度为 3. 1 g/cm^3，砂、石子的表观密度分别为 2. 6 g/cm^3 及 2. 65 g/cm^3。试计算每立方米混凝土中各项材料用量(不含引气剂)。

4. 某工地采用 52. 5 级普通水泥和卵石配制混凝土。其施工配合比为：水泥 336 kg、砂 696 kg、卵石 1 260 kg、水 129 kg。已知现场砂的含水率为 3. 5%，卵石含水率为 1%。试问该混凝土能否满足 C30 强度等级要求(假定 $\sigma=5.0$)。

5. 室内用的钢筋混凝土梁，截面最小尺寸为 250 mm，钢筋净距 35 mm，混凝土强度等级 C25，用 42. 5 级水泥，密度为 3. 10 g/cm^3，中砂密度为 2. 60 g/cm^3，卵石密度为 2. 70 g/cm^3，机械振捣，质量保证率为 95%。求理论配制每立方米混凝土时的配合比。

项目五 砂 浆

一、名词解释

1. 沉入度

2. 分层度

3. M30

4. 砌筑砂浆

二、多项选择题

1. 砌筑砂浆为改善其和易性和节约水泥,常掺入(　　　　)。
   A. 石灰膏　　B. 麻刀　　C. 纸筋　　D. 黏土膏
2. 新拌砂浆应具备的性质是(　　　　)。
   A. 黏结力　　B. 流动性　　C. 保水性　　D. 强度
3. 用于砖砌体的砂浆强度主要取决于(　　　　)。
   A. 水泥强度　　B. 水泥用量　　C. 水灰比　　D. 混合材料的用量
4. 影响砂浆黏结强度的主要因素有(　　　　)。
   A. 砂浆的抗压强度　　B. 砌体的表面状态
   C. 养护条件　　D. 砌体的清洁程度
5. 砂浆的和易性包括(　　　　)。
   A. 流动性　　B. 黏聚性　　C. 保水性　　D. 泌水性

三、计算题

某砌筑工程采用水泥石灰混合砂浆,要求强度等级为 M5,稠度 7~10 cm,所用原材料:32.5 级矿渣水泥,标号富余系数 1.0,石灰膏稠度 10 cm,换算系数 0.97,采用中砂,堆积密度为 1 450 kg/m^3,含水率为 2%,施工水平一般,试计算砂浆的配合比。

项目六 砌体材料

一、名词解释

1. 盐析

2. 石灰爆裂

3. 混凝土小型空心砌块

4. 烧结多孔砖

5. 烧结空心砖

二、填空题

1. 毛石有________和________之分。
2. 料石有________、________、________和________之分。
3. 烧结普通砖具有________、________和________等缺点。
4. 烧结砖按材料不同可分为________、________、________。

三、选择题

1. 料石按表面加工的平整程度分为(　　　　)。
   A. 毛石　　B. 粗料石　　C. 细料石
   D. 半细料石　　E. 毛料石
2. 砌筑有保温要求的非承重墙时宜选用(　　　　)。
   A. 烧结多孔砖　　B. 烧结空心砖　　C. 烧结普通砖　　D. 石材
3. 下面哪些不是加气混凝土砌块的特点(　　　　)。
   A. 轻质　　B. 保温隔热　　C. 加工性能好　　D. 韧性好

4. 烧结普通砖的质量等级是按(　　　　　)划分的。

A. 强度等级和风化性能　　B. 尺寸偏差和外观质量

C. 石灰爆裂和泛霜情况　　D. A+B+C

5. 烧结多孔砖的强度等级是按(　　　　　)确定的。

A. 强度　　B. 抗折强度　　C. 黏结强度　　D. A+B

6. 利用煤矸石和粉煤灰等工业废渣砖,可以(　　　　　)。

A. 减少环境污染

B. 节约大片良田、黏土

C. 节省大量燃料煤

D. 大幅提高产量

E. A+B+C+D

四、简答题

1. 烧结普通砖在砌筑前为什么要浇水使其达到一定的含水率?

2. 多孔砖与空心砖有何异同点?

五、计算题

已测得10块砖的抗压强度,分别为23.5 MPa、18.5 MPa、17.5 MPa、19.4 MPa、16.4 MPa、19.6 MPa、20.2 MPa、14.8 MPa、18.8 MPa、19.0 MPa,试确定该组砖的强度等级。

项目七 建筑钢材

一、名词解释

1. 时效

2. 屈服强度

3. HPB300

4. Q235BF

5. 屈强比

二、填空题

1. 建筑钢材按化学成分,分为________、________。
2. 建筑钢材按用途不同,分为________、________、________。
3. 钢按脱氧程度,分为________、________、________、________。
4. 钢材的工艺性能包括________、________。
5. 16MnNb 表示平均含碳量为________,合金元素锰、铌含量为________的合金钢。

三、单项选择题

1. 下列碳素钢结构钢牌号中,代表半镇静钢的是(   )。
   A. Q195BF　B. Q235AF　C. Q255Bb　D. Q275A
2. 钢筋冷加工后,指标降低的是(   )。
   A. 屈服强度　B. 抗拉强度　C. 硬度　D. 塑性
3. 在低碳钢的应力应变图中,有线性关系的是(   )阶段。
   A. 弹性阶段　B. 屈服阶段　C. 强化阶段　D. 破坏阶段

4. 伸长率是衡量钢材(　　)的指标。

A. 弹性　　B. 塑性　　C. 脆性　　D. 韧性

5. 钢材的冷弯试验中,不能作为评价冷弯性能的指标是(　　)。

A. 试件被弯曲的角度　　B. 弯心直径

C. 弯心直径与试件厚度(或直径)的比值　　D. 试件直径

6. 下列元素对钢材有明显危害的是(　　)。

A. 碳　　B. 锰　　C. 磷　　D. 硅

7. 钢材抵抗冲击荷载的能力称为(　　)。

A. 塑性　　B. 冲击韧性　　C. 弹性　　D. 硬度

8. 钢的含碳量为(　　)。

A. <2.06%　　B. >3.0%　　C. >2.06%　　D. <1.06%

9. 经冷拉时效处理的钢材其特点是(　　)进一步提高,(　　)进一步降低。

A. 塑性　　B. 韧性　　C. 屈服点

D. 抗拉强度　　E. 弹性模量

10. 目前我国钢筋混凝土结构中普遍使用的钢材是(　　)。

A. 热轧钢筋　　B. 冷拔低碳钢丝　　C. 钢绞线

D. 热处理钢筋　　E. 碳素钢丝

四、简答题

1. 对钢材进行冷加工和时效处理的目的是什么?

2. 钢材的一般选用原则是什么?

五、计算题

对一批碳素钢筋抽样做拉伸试验,测得结果如下:屈服下限荷载分别为 43.6 kN、42.5 kN;抗拉极限荷载分别为 63.0 kN、62.5 kN,钢筋公称直径为 12 mm,拉伸前标距为 $5d_0$,拉断时长度分别是 67.5 mm、68.2 mm。计算钢筋的屈服强度、拉伸强度和伸长率。

项目八 防水材料

一、名词解释

1. 改性沥青

2. 针入度

3. 冷底子油

4. 沥青玛琋脂

二、填空题

1. 沥青胶是以__________划分标号的。
2. ___________是评定石油沥青大气稳定性的指标。
3. 沥青胶是由沥青加入____________所组成的。
4. 沥青按产源分为____________和__________ 两大类。
5. 建筑工程常用的是____________沥青。
6. 建筑沥青是以__________ 划分牌号的。
7. 防水卷材按材料不同,分为____________ 、____________ 和高聚物改性沥青防水卷材三大系列。
8. 沥青胶又称__________ ,是粘贴沥青防水卷材或高聚物改性沥青防水卷材的胶粘剂。
9. 用于沥青油毡、改性沥青卷材的基层处理剂,习惯上叫作______________ 。
10. ____________是乳化沥青组成中的关键成分,它是表面活性剂。

三、单项选择题

1. (　　)小的沥青不会因温度较高而流淌,也不致因温度低而脆裂。

A. 大气稳定性　　B. 温度感应性　　C. 黏性　　D. 塑性

2. 纸胎石油沥青油毡的牌号是按(　　)划分的。

A. 沥青油毡的质量(g/m^2)　　B. 原纸的质量(g/m^2)

C. 沥青油毡上石油沥青的质量(g/m^2)　　D. 沥青油毡抗拉强度(N/m^2)

3. 道路石油沥青及建筑石油沥青的牌号是按其(　　)划分的。

A. 针入度的平均值　　B. 软化点平均值

C. 延度平均值　　D. 沥青中油分含量

4. APP 改性沥青防水卷材的性能接近 SBS,但其最突出的特点是(　　)。

A. 低温柔性好　　B. 耐高温性能好

C. 适合辐射强烈地区使用 D130°　　D. 高温下不流淌

5. 通常在满足沥青黏度、塑性和温度稳定性等主要性能要求的前提下,应尽量选用牌号(　　)的沥青,以保证其使用耐久性。

A. 大　　B. 小　　C. 中等

四、简答题

1. 在建筑屋面防水工程中,选用石油沥青牌号的原则是什么?

2. 防水密封材料应具备哪些技术性能?

项目九 木 材

一、选择题

1. 木材中（ ）发生变化时，木材的物理力学性质也随之变化。
   A. 自由水 B. 吸附水 C. 化合水 D. 游离水
2. 木材在不同受力下的强度，按其大小可排成如下顺序（ ）。
   A. 抗弯>抗压>抗拉>抗剪 B. 抗压>抗弯>抗拉>抗剪
   C. 抗拉>抗弯>抗压>抗剪 D. 抗拉>抗压>抗弯>抗剪
3. （ ）是木材物理力学性质发生变化的转折点。
   A. 纤维饱和点 B. 平衡含水率 C. 饱和含水率 D. A+B
4. （ ）是木材最大的缺点。
   A. 易燃 B. 易腐朽 C. 易开裂和翘曲 D. 易吸潮
5. （ ）是木材的主体。
   A. 木质部 B. 髓心 C. 年轮 D. 树皮

二、判断题

1. 易燃是木材最大的缺点，因为它使木材失去了可用性。（ ）
2. 纤维饱和点是木材强度和体积随含水率发生变化的转折点。（ ）
3. 木材的自由水处于细胞腔和细胞之间的间隙中。（ ）
4. 木材愈致密，体积密度和强度愈大，胀缩愈小。（ ）
5. 化学结合水是构成木质的组分，不予考虑。（ ）

三、简答题

1. 为什么木材使用前必须干燥，使其含水率接近使用环境下的平衡含水率？

2. 木材为什么会腐朽？造成腐朽的条件是什么？如何防止？

项目十 其他种类建筑材料

一、名词解释

1. 绝热材料

2. 吸声材料

二、单项选择题

1. 绝热材料的导热系数应(　　) W/(m·K)。

A. >0.23　　B. ≤0.23　　C. >0.023　　D. ≤0.023

2. 无机绝热材料包括(　　)。

A. 岩棉及其制品　　B. 膨胀珍珠岩及其制品

C. 泡沫塑料及其制品　　D. 蜂窝板

3. 建筑上对吸声材料的主要要求除具有较高的吸声系数外,同时应具有一定的(　　)。

A. 强度　　B. 耐水性　　C. 防火性

D. 耐腐蚀性　　E. 耐冻性

4. 多孔吸声材料的主要特征有(　　)。

A. 轻质

B. 细小的开口孔隙

C. 大量的闭口孔隙

D. 连通的孔隙

E. 不连通的封闭孔隙

5. 吸声系数采用声音从各个方向入射的吸收平均值,并指出是哪个频率下的吸收值。通常使用的频率有(　　)。

A. 4 个　　B. 5 个　　C. 6 个　　D. 8 个

三、简答题

1. 常用建筑塑料有哪些？

2. 合成纤维是什么？常用合成纤维有哪些？

3. 什么是土工织物？土工织物的作用有哪些？

参考文献

[1] 孟祥礼,武桂芝,石玉东. 建筑材料实训指导[M]. 2 版. 郑州:黄河水利出版社,2016.
[2] 武桂芝,石玉东. 建筑材料[M]. 2 版. 郑州:黄河水利出版社,2016.
[3] 崔长江,尹红莲,张梦宇. 建筑材料[M]. 4 版. 郑州:黄河水利出版社,2016.
[4] 张健. 建筑材料与检测[M]. 2 版. 北京:化学工业出版社,2007.
[5] 丁以喜,戚豹. 建筑材料[M]. 北京:机械工业出版社,2013.
[6] 姜志青. 道路建筑材料[M]. 4 版. 北京:人民交通出版社,2013.
[7] 邵元纯,杨胜敏. 建筑与装饰材料[M]. 北京:人民交通出版社,2011.
[8] 钱觉时. 建筑材料学[M]. 武汉:武汉理工大学出版社,2007.